U0352571

国家自然科学基金煤炭联合基金重点项目
（大断面巷道快速掘进与支护基础，51134025）资助

煤矿巷道支护
智能设计系统与工程应用

杨仁树　马鑫民　著

北　京
冶金工业出版社
2015

内 容 提 要

本书基于煤矿巷道支护技术发展背景，系统介绍了现代煤矿巷道支护理论、方法和专家系统及其在煤矿中的应用情况；重点讲述了巷道支护方案决策系统，包括巷道围岩智能分类子系统、FLAC^{3D}数值模拟优化子系统、工程类比子系统及绘图子系统；特别分析了系统实现的关键技术，并对知识库和推理机的实现技术进行了详细的说明。

本书可供从事煤矿巷道掘进支护设计、施工和管理工作的技术人员使用，也可供高等院校和科研机构从事相关专业的师生和研究人员参考。

图书在版编目（CIP）数据

煤矿巷道支护智能设计系统与工程应用/杨仁树，
马鑫民著. —北京：冶金工业出版社，2015. 12
ISBN 978-7-5024-7124-8

Ⅰ. ①煤…　Ⅱ. ①杨…　②马…　Ⅲ. ①煤矿—
巷道支护—智能设计　Ⅳ. ①TD353

中国版本图书馆 CIP 数据核字（2015）第 295585 号

出 版 人　谭学余
地　　址　北京市东城区嵩祝院北巷 39 号　邮编　100009　电话　(010)64027926
网　　址　www. cnmip. com. cn　电子信箱　yjcbs@ cnmip. com. cn
责任编辑　张耀辉　赵亚敏　美术编辑　彭子赫　版式设计　孙跃红
责任校对　禹 蕊　责任印制　牛晓波
ISBN 978-7-5024-7124-8
冶金工业出版社出版发行；各地新华书店经销；北京印刷一厂印刷
2015 年 12 月第 1 版，2015 年 12 月第 1 次印刷
169mm×239mm；13 印张；251 千字；195 页
79. 00 元
冶金工业出版社　投稿电话　(010)64027932　投稿信箱　tougao@cnmip. com. cn
冶金工业出版社营销中心　电话　(010)64044283　传真　(010)64027893
冶金书店　地址　北京市东四西大街 46 号(100010)　电话　(010)65289081(兼传真)
冶金工业出版社天猫旗舰店　yjgycbs. tmall. com
（本书如有印装质量问题，本社营销中心负责退换）

前　言

煤矿地下开采遵循"采掘并举，掘进先行"的原则，而巷道支护是影响巷道掘进速度与效果的关键因素之一。在我国煤矿井巷中，煤巷占巷道总长度的 60% 以上，由于其地质条件复杂，巷道顶板与煤层的物理力学性质相差较大，在其服务期内还要受到回采工作面的采动影响，这些不利因素给煤巷支护设计与施工带来了诸多技术难题。支护设计不合理会导致巷道维护困难，从而影响工作面的运输、通风并威胁井下的安全生产，同时也会造成支护材料的浪费，增加矿井生产成本。

传统的煤矿巷道支护设计主要依靠设计者个人的经验水平，而设计者对支护理论的把握和数值分析的水平往往具有一定局限性，这就使得多数情况下还是靠粗略计算和分析判断来确定支护设计参数，致使设计方案科学依据不足。

近年来，随着计算机信息技术及人工智能技术在各个领域的应用普及，煤炭科技工作者把专家系统引入巷道支护设计中，开展了大量的理论研究和实践工作，取得了一定的成果，也在一定程度上提高了巷道支护设计效率和效果，丰富了设计理论，提高了我国煤矿巷道支护技术和煤炭工业信息化水平。但是，由于传统的推理机设计及知识获取存在"瓶颈"，使得开发的支护设计系统难以满足复杂的巷道地质条件对支护技术的较高要求。

针对上述问题，中国矿业大学（北京）联合煤炭企业开展了煤矿巷道支护方案智能决策项目研究工作。实施了巷道支护工程现场试验，进行了室内模拟实验和数学力学分析，汇集了一批长期从事巷道支护设计与施工专家的丰富理论和实践经验性知识，结合最新发展的人工智能技术开发了适合我国主要矿区地质和生产条件的"煤矿巷道支护智能设计系统"。该系统集成了围岩稳定性智能分类、神经网络预测、数值模拟优化分析、矿图自动绘制及支护报告生成五大功能模块。系统基于模糊数学计算、神经网络预测、FLAC³ᴰ模拟及 CAD 二次开发等技术手段，实现了巷道围岩智能分类、支护参数预测、支护方案优化等功能；采用理论研究、现场调研、专家访谈、问卷调查等方式建立了内容丰富的巷道支护专家级知识库；利用计算机开发技术设计了科学合理的系统推理机。

煤矿巷道支护智能设计系统的研发旨在利用最新发展的支护技术及人工智能技术，建立以信息化和智能化为特色的煤矿巷道支护设计方法。系统的开发和实施，实现了巷道支护方案优化、工作效率提高、生产成本降低等目标，取得了良好的技术、经济与社会效益。

本书基于作者多年来的巷道支护技术相关科研成果，结合本领域国内外最新发展动态与研究成果，全面、系统地论述了煤矿巷道支护智能设计系统涵盖的人工智能技术、支护设计方法、技术原理及知识库和推理机的建立过程等。同时，用较大篇幅介绍了煤矿巷道支护智能设计系统工程应用效果良好的实例。本书既有系统的理论研究成果，又结合了工程应用技术，期望本书的出版能为我国矿山信息化技术的应用和发展起到积极的推动作用。

随着巷道支护理论和信息化技术的不断进步，煤矿巷道支护智能设计系统还会不断升级，本书的内容也会不断地充实和完善，在这里真诚希望领域内专家和同行提出宝贵意见，以使煤矿巷道支护智能设计系统知识库内容更加丰富，推理技术更加先进，设计方案更加科学合理，从而更好地为煤矿生产建设服务。

本书所涉及的科研项目都是与煤炭企业合作完成的。在项目开发和实施过程中，山东能源新汶矿业集团、山东能源淄博矿业集团、山西焦煤霍州煤电集团、山西焦煤汾西矿业集团、晋城煤业集团、冀中能源峰峰矿业集团、冀中能源张家口矿业集团、冀中能源邯郸矿业集团等单位的相关领导和技术人员给予了大力的帮助和支持，在此表示感谢。

王茂源、林天舒、陈凯、马石岩、肖南、万为民、张军、温俊三等参与了项目研究及书稿的资料收集和文字整理工作，在此一并致谢。

感谢国家自然科学基金煤炭联合基金重点项目（大断面巷道快速掘进与支护基础，51134025）给予的资助。

由于时间及作者水平所限，书中不妥之处，敬请广大专家和读者批评指正。

杨仁树

2015 年 9 月

目　　录

1 绪 论

1.1 我国煤炭资源生产和利用现状

1.1.1 我国煤炭资源生产现状

我国能源资源总量比较丰富，能源蕴藏量位居世界前列。"富煤、贫油、少气"的能源结构特点决定了煤炭在我国一次能源中的重要地位。据国土资源部重大项目《全国煤炭资源潜力评价》研究成果显示，我国煤炭资源总量为5.9万亿吨，其中，探获煤炭资源储量2.02万亿吨，预测资源储量3.88万亿吨。

图1-1为我国历年一次能源生产构成变化图（图中Mtoe为百万吨油当量），由统计数据可知，能源生产总量呈增长趋势，原煤生产占一次能源生产总量的70%以上，煤炭为我国一次能源生产十分重要的来源。

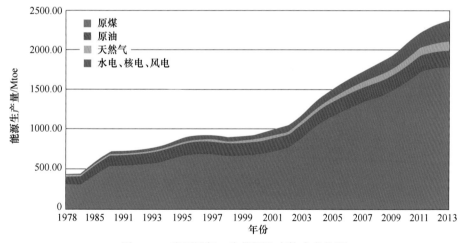

图1-1 我国历年一次能源生产构成变化图

（数据来源：国家统计年鉴）

图1-2为我国历年能源生产结构图，图中显示，煤炭资源作为重要的基础性能源，在国家经济发展中始终扮演着重要的角色，尽管水电、核电、风电等新兴能源生产比重呈现一定的上升趋势，但是原煤的生产比重保持稳定，依然占据70%以上的较高水平。

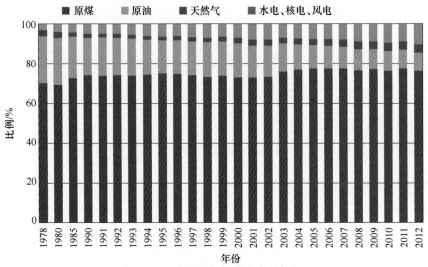

图1-2 我国历年能源生产结构图

（数据来源：国家统计年鉴）

1.1.2 我国煤炭资源消费和利用

由图1-3和图1-4所示的我国能源消费情况可以看出，随着国民经济的快速发展，能源的供需形势呈稳步上升态势。近年来，随着国家对全球气候变化重视程度的增强以及国家治理雾霾信心的坚定，天然气、水电、核电、风电等清洁能源消费比重将逐年上升。但是，与一次能源生产相似，煤炭消费占我国一次能源消费总量的70%左右，一次能源消费仍然以煤炭资源为主。2013年，我国一次能源消费总量为37.5亿吨标准煤，煤炭在一次能源消费结构中的占比为66%。

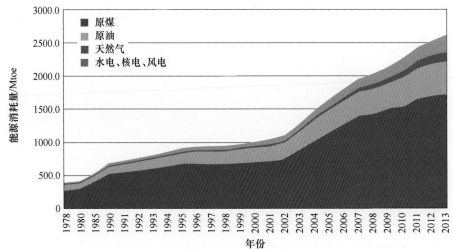

图1-3 我国历年一次能源消费变化图

（数据来源：国家统计年鉴）

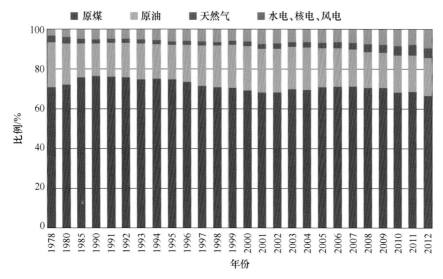

图 1 – 4   我国历年能源消费结构

（数据来源：国家统计年鉴）

根据《能源发展战略行动计划（2014～2020年)》，到2020年，我国一次能源消费总量将控制在48亿吨标准煤左右，煤炭消费仍然占能源消费比重的60%以上。近些年，虽然我国能源的生产和消费结构在发生变化，但在未来很长一段时期内，煤炭作为我国的主体能源仍具有无法替代的地位。

1.2   发展煤矿巷道支护技术的必要性

我国煤矿生产以井工开采为主，井工开采应遵循"采掘并举，掘进先行"的方针。掘进与回采是煤矿生产的两个核心环节，科学合理的巷道支护是煤矿实现安全高效生产的重要保障。

煤矿巷道支护的根本目的在于保持巷道在服务期限内的安全、稳定，支护方案设计的合理性直接关系到矿山的安全生产和经济效益。在我国煤矿井巷中，煤巷占矿井巷道总长度的60%以上，虽然其服务期较短，但由于煤巷围岩多数为层状、节理、裂隙发育程度较高，在其服务期内要受到回采工作面采动的影响，围岩变形量大，且巷道顶板与煤层的物理、力学性质相差较大，因此给巷道支护的设计与施工带来了诸多技术难题。在实际施工中，若支护不成功，将造成巷道断面位移大，两帮收缩变形，导致巷道返修率高，造成了材料的浪费和工期的延误，使得煤炭企业成本加大，造成采掘接续紧张甚至是亏损，并严重影响工作面的运输、通风，威胁井下的安全生产。显而易见，无论在生产效率、生产成本还是在生产安全方面，巷道支护都是煤矿施工中不可忽视的重要生产环节。

我国煤炭科技工作者在巷道支护理论研究方面做了大量工作，在传统理论的基础上提出了多种新的支护方法，并在生产实践中发挥着积极的指导作用。但是，随着开采深度的增加，工作面机械化程度的提高，要求巷道断面积加大，从而使得矿压显现更加剧烈，煤巷支护的技术难题在煤矿生产中越来越突出。同时，煤巷地质条件复杂多变也使得采用单独的一种或两种支护方法不能完全满足巷道安全稳定的需要。在巷道支护方案中，科学合理的支护形式与参数的选择是进行井下施工生产的最主要的理论参考依据。传统的支护设计方法是根据相关规定和习惯反复计算后确定，其科学性和合理性得不到有效保障。如何依靠科技的进步，利用飞速发展的计算机信息技术综合以上所有方法之优点，加强煤巷支护技术的研究和改革，积极改善我国煤矿巷道支护现状，提高我国煤矿现代化水平，真正实现安全、高效生产，将是我国煤炭工业技术发展的一项重要使命。

依靠科技进步，利用现代化信息技术和人工智能技术，基于现场测试、实验室实验、数值模拟、计算机开发等手段，研发煤巷支护智能设计系统，可以优化煤巷支护参数和施工工艺，达到支护方案科学、合理、可行，实现安全高效的煤巷支护。

1.3 专家系统的发展历程

20 世纪 50 年代，人工智能的研究者们受控制论的影响，尝试用硬件模拟人脑思维，曾在视觉方面取得了一定的研究成果，但是几经挫折。60 年代受信息论的影响，人们又试图用软件模拟人脑思维，虽然在下棋程序等方面取得了成功，但仍然没有开发出实用程序。1965 年，斯坦福大学 Feigenbaum 研究了以往人工智能的成功经验和失败教训，发现人类专家之所以成为专家，其主要原因在于他们拥有大量的专门知识，特别是那些通过长期实践摸索出的鲜为人知的经验知识，这是认识上的一大飞跃。正是在这种背景下，世界上第一个将一般问题求解策略与专家的专门知识和经验结合起来解决现实问题的人工智能系统——探索化合物结构的专家系统 DENDRAL 问世了。DENDRAL 的问世标志着人工智能研究开始向实际应用阶段过渡，同时也标志着人工智能一个新的研究领域——专家系统的诞生。

(1) 第一阶段，第一代专家系统高度专业化，求解专门问题的能力强。

20 世纪 70 年代专家系统趋于成熟，其理念也慢慢广泛地被人们接受。70 年代中期出现了一批较为成功的专家系统，在医疗领域尤为突出。较有代表性的专家系统有 MYCIN、CASNET、INTERNIST、AM、HEARSAY、PROSPECTOR 等。

MYCIN 是在 1974 年由美国斯坦福大学 E. H. Shortliffe 成功研制的一个医疗诊断专家系统，它能诊断是否患有血液病，并且给出建议性诊断结果和处方。MY-CIN 系统首次使用了 ES（expert system）中的核心部分——知识库（knowledge base）的概念，并在系统中使用了似然推理技术来模拟人类的启发式问题求解方法。

CASNET 系统由 Rutgers 大学的 S. M. Wiss 和 C. A. Kulikowki 等人研制，用于诊断和治疗青光眼疾病。该系统解决问题的能力达到了很高的水平，是最早设想把一个 ES 用于多个不同领域的系统。1974 年 Pittsburgh 大学的 H. E. Pople 等人研制了用于诊断内科疾病的专家系统 INTERNIST。

1976 年斯坦福大学（Stanford University）的 D. B. Lanet 研制开发了用于机器模拟人类归纳推理、抽象概念的 AM 系统。卡内基梅隆大学（Carnegie Mellon University）的 L. D. Ermanden 等人设计开发出了能够听懂连续谈话的 HEARSAY 系统。

1976 年 Stanford 国际研究所（SRI）的 R. O. Duda 等人研发了用于矿藏勘测的专家系统 PROSPECTOR。它是第一个地质方面的专家系统。1982 年美国一家地质勘探公司利用该系统发现了华盛顿州的一处估计开采价值达一亿美元以上的钼矿，而此前该公司的地质专家并没有在这一区域发现该矿藏。

（2）第二阶段，第二代专家系统属单学科专业型、应用型系统。

专家系统的出现和在某些领域的发展成熟，使得其应用领域不断扩大。20 世纪 70 年代中期以前专家系统高度专业化，求解专门问题的能力强，多属于解释型和故障诊断型，其处理的问题基本上是可分解的问题。第二代专家系统属单学科专业型、应用型系统，如 70 年代后期出现的设计型、规划型、教育型、预测型等其他类型的专家系统。

随着专家系统类型的多样化，ES 的研究也不断深入发展。在不断完善已有系统的基础上，各领域学者在理论和方法上也进行了深入的研究和探讨。人们在开发专家系统的过程中发现了专家系统的核心和"瓶颈"问题是专家级知识的获取，并慢慢发现专家系统的核心问题和中心任务是知识的获取。从 ES 获取知识和解决问题的能力看，现有的 ES 基本是建立在经验知识之上的。系统本身不能从领域的基本原理来理解这些知识。这样知识的获取就尤为重要，成为开发 ES 的"瓶颈"问题。

（3）第三阶段，第三代专家系统属多学科综合型系统。

Feigenbaum 教授曾指出：20 世纪 80 年代是专家系统的黄金时代。正像他所预言的那样，进入 80 年代专家系统有了突飞猛进的发展。人们对 AI（artificial intelligence）基本技术理解和研究更为深入，应用更为成熟。80 年代的专家系统的理论和方法不断丰富，知识表示、推理机和系统结构成为专家系统研究的三个核心问题。专家系统的开发已经渗透到数学、医学、气象、土木、农业、交通、经济、军事等诸多领域。

在总结前三代专家系统的设计方法和实现技术的基础上，人们已开始采用大型多专家协作系统、多种知识表示、综合知识库、自组织解题机制、多学科协同解题与并行推理、专家系统工具与环境、人工神经网络知识获取及学习机制等最新人工智能技术来实现具有多知识库、多主体的第四代专家系统。

1.4　专家系统在煤矿施工技术中的发展背景

专家系统的实质是以知识库为核心进行推理的计算机程序。其成功应用的意义不仅在于它减轻了人类专家的重复性脑力劳动，推广和保存专家经验知识，其潜在的巨大经济效益也使人们开始意识到它的广阔前景。它的迅速发展为科技进步和人类生产力的发展做出了很大的贡献。

专家系统在采矿业的应用已经越来越受到重视，世界各国为了取得采矿工业的竞争优势，提高生产效率、降低成本和改善环境，都在大力引进其他工业部门已采用的高新技术，不断地更新采矿工艺与设备，卓有成效地使采矿工业朝智能化方向发展。国外采矿业智能技术的研究和应用正从战略决策的高度对我国采矿科学和技术提出严峻的挑战。为迎接这一挑战，我国人工智能专家冯夏庭教授提出了 21 世纪我国采矿科学和技术向智能化发展的新方向。人工智能的出现和发展是科学进步的产物，也与以下经济及社会等因素有关。

（1）生产力发展的需要。随着科技的飞速发展，世界对能源的需求与日俱增，要求煤矿高效、安全开采以满足社会经济发展的需求。这就使得我们要充分利用专家系统技术提高煤矿生产的智能化和信息化水平，利用其收集分析复杂的信息，对煤矿开采设计进行快速、准确的决策，实现高质、高效生产。

（2）建立节约型社会的需要。目前，我们提倡建立环保、节约型和谐社会，煤矿开采生产在为我们提供能源之外也在大量消耗着其他资源，生产技术的落后会导致开采率的下降和材料的浪费，利用专家系统提出合理开采方案，可以降低开采成本，节约自然资源。

（3）提高生产效率的需要。煤矿生产方案的提出要合理、快速，能够及时准确地为井下生产提供技术支持，提高生产效率，创造更大的经济效益，而这些目标的完成要靠专家系统来实现。

1.5　专家系统在煤矿施工技术中的研究和应用

随着专家系统的发展，广大科技工作者就其在煤矿生产中的应用开展了大量的研究工作。目前，专家系统在煤矿中的应用主要集中在方案决策、参数优化设计、生产系统评价、生产信息管理、故障预测及诊断、灾害预测与防治等方面。

（1）专家系统的发展实现了方案决策及优化设计。

专家系统在方案决策及优化设计方面的应用是理论结合实际最为突出的典型。煤矿各种施工方案的决策和具体的设计都是煤矿生产过程中极为重要的环节。专家系统的发展打破了矿山传统的设计理念和方法，方案决策和参数优化设计使其更合理和更切合实际。目前，应用于方案决策及参数优化设计的专家系统模型主要有基于规则和基于典型案例两种。

基于规则推理的方法是根据专家经验，将其归纳成规则，通过启发式经验知识进行推理。它具有明确的前提，得到确定的结果。它是构建专家系统最常用的方法。因此，在国内外煤矿方案决策、参数优化设计专家系统中大部分采用该方法。

基于实例推理（case - based reasoning，CBR）是 20 世纪 80 年代末 90 年代初于 AI（artificial intelligence）技术中新崛起的一项重要技术，是一种相似推理方法。其核心是用过去的工程实例和经验来解决新问题。事实上设计经验表明，设计人员通常根据以前的设计经验来完成当前的设计任务，并不是每次都从头开始。知识工程之父 Feigenbaum 认为："CBR 是一种前景非常好的方法"，"几乎所有的工程问题都是面向实例的。"

为了实现煤矿开采方案决策的智能化，美国阿拉斯加大学采矿系研制出采矿方法选择专家系统，可用于煤矿井下开采过程中开采方法的选择。加拿大拉瓦尔大学用 KEE 在 LISP 机上开发了露天矿设备选型专家系统 SCRAPER；我国张金锁研发了煤矿矿井技术改造方案专家决策系统，综合运用专家系统（expert system，ES）和决策支持系统（decision support system，DSS）原理及计算机技术进行开发研究，主要用于矿井技术改造方案的决策支持。孙臣良等开发了立井开拓井田最优井筒位置方案智能决策系统，为最优井筒位置方案的确定提供了重要的科学手段。

美国亚利桑那大学采矿系开发了煤矿顶板锚杆支护设计专家系统，应用于煤矿巷道锚杆支护设计。法国巴黎高等矿业学院开发的"Expertin"爆破设计专家系统，由解决各种问题的不同模块衔接而成，以岩石破碎最佳为目标，设计出合适的炮眼布置图。我国冯夏庭、林韵梅开发出采矿巷道围岩支护设计专家系统，解决了巷道设计过程中围岩分类的相关问题，为巷道支护设计提供参考。回采巷道支护形式与参数合理选择专家系统，由我国李效甫、姚建国开发，用于科学合理地选择巷道支护形式与参数，为矿井巷道支护设计提供科学依据，促进煤矿综合机械化水平，提高支护质量，保证安全生产，节约生产成本。

人工神经网络（artificial neural network，ANN）是从微观上模拟人脑功能，是一种分布式的微观数值模型，具有极强的自学习能力，对于新的模式和样本可以通过权值的改变进行学习、记忆和存储，并在以后的运行中能够判断这些新的模式。该模型被广泛应用于煤矿专家系统领域。我国在这方面的应用技术比较成熟，肖福坤等开发了煤矿巷道支护智能决策系统，其采用面向对象的计算机编程技术和可视化的设计方法，并将神经网络技术应用到专家系统中。韩凤山开发了煤矿巷道锚杆支护设计专家系统，利用神经网络对围岩分类以及决策方案进行推理，取得了较好的效果。编制矿山采掘计划是矿山生产与经营管理中最重要的决策活动，陈孝华等开发的地下矿山采掘计划专家系统即是用于解决该问题，它将人工神经网络、专家系统以及 CAD 和运筹学的优化技术有机地结合起来。

（2）专家系统的发展实现了人工难以完成的预测故障、灾害预防和诊断，提高煤矿生产的安全性。

采矿工程是一个极其复杂的大系统，问题求解无法用简单的数据流或精确的逻辑判断作确定的解答。采矿设计和生产既需要研究、利用采矿科学技术以最大限度地提高采矿的经济效益，还必须考虑采矿生产环境、生产安全、对环境的影响以及矿产资源的开发和综合利用等社会问题。专家系统技术为解决这类问题提供了有力的工具。已用于灾害预防和故障诊断的技术主要有人工神经网络、模糊逻辑等。

由于人工神经网络所具有的自适应、自组织和实时学习的能力，特别是在解决模式识别问题时的出色表现，故障诊断成了神经网络的重要应用领域之一。西安交通大学张王景等提出了利用神经网络的煤矿水害预测系统，为防止矿坑突水灾害事故的发生提供了一种有效的手段。当企业拥有了数量庞大的生产经营数据后，如何方便、快捷地从这些数据中发现企业经营中存在的瓶颈，是矿山企业智能诊断研究所要解决的问题。王文铭、颜培争开发的基于神经网络的矿山企业智能诊断专家系统，研究了人工神经网络技术与专家系统的集成，用于矿山企业生产经营中知识模式的发现，利用神经网络极强的学习能力，进行诊断知识的获取和诊断推理。为了进行煤矿开采生产事故及时预报，提高煤矿安全生产水平，杨志强、赵千里和高谦等利用神经网络开发了地下采矿生产事故预报专家系统。

基于模糊逻辑的专家系统，具有专家水平的专门知识，能表现专家的技能和高度的技巧，能进行有效的推理；具有启发性，能运用人类专家的经验和知识进行启发性的搜索、试探性的推理；具有灵活性和透明性等，适用于矿山预防与诊断专家系统。刘光庆、于旭磊开发了矿井顶板水害预测与防治专家系统，以信息拟合方法完成了顶板富水性分区，结合模糊理论，完成了综合模糊评判决策系统。中国矿业大学的刘卫东等针对目前严重影响矿井安全的矿井冲击矿压进行预测预报研究，总结出具有代表性的声发射特征参数和表征岩石特性参数，在此基础上建立了基于模糊逻辑的矿压冲击预测预报模型，并利用实际采集的数据以及矿压发生情况对模型进行了验证，为模糊逻辑实际应用于矿井冲击矿压预测打下了基础。

为了预防煤矿开采过程中底鼓造成的危害，美国矿业局匹兹堡研究中心开发了煤矿长壁开采法预防底鼓的专家系统，用于解决煤矿长壁开采预防底鼓的问题。宾夕法尼亚州立大学开发了采矿通风、围岩分类、围岩自稳预测等专家系统，解决了通风和围岩分类相关问题。英国煤炭公司开发了用于预测煤层高瓦斯涌出带的专家系统 UFEL 和用于安德森 AM500 采煤机故障诊断的专家系统 SHEARER。我国宋志安、王希锁等开发的 AM－500 型采煤机故障诊断专家系统，给出了 AM－500 型采煤机的故障树，基于 C 语言的专家系统开发平台——CLIPS，提出了该系统基于故障树的实施方案。为了有效解决国内采煤机当前突出的可靠性差的问题，山东科技大学和兖州矿业（集团）公司研究出采煤机在线故障诊断与预报专家系统。此项研究在采煤机工况监测系统的基础上，根据数据序列灰色预测理论来建立压力、流量、时间、温度等各种参数的 GM（1，1）模型，对采煤机的参数进行数值预测，根据预测的数值再利用采煤机故障诊断专家系统来确定采煤机的未来工作状态及其有可能出现的各种故障，从而在现场把握住最佳的维修时机。

（3）实现煤矿生产信息化管理，是专家系统在煤矿中应用体现"数字矿山"建设的重要内容。

杨仁树等开发了煤矿井巷开挖工程管理信息系统，构建了基于 B/S 模型的工程管理信息系统，系统的实现采用了 ASP＋SQL SERVER 的结构。该管理信息系统在工程实际应用中体现出一定的优越性，为企业提高管理水平、增强竞争力、降低成本提供了有力保障。

为了加强矿井通风管理，Altman、Hughes、Wala 等开发了矿井通风智能管理系统，实现了矿井通风智能化管理，提高了通风的可靠性和合理性。煤矿作业规程的编制是煤矿生产管理中重要的环节，传统的编制方式较为繁琐、费时、费力。为了解决这些问题，王向前、孟祥瑞等开发了煤矿作业规程编制及管理系统，提出了基于 Java 平台的 B/S 与 C/S 混合结构的煤矿作业规程编制及管理系统解决方案，实现了作业规程编制与管理的自动化、智能化和信息化，提高了作业规程的编制效率和质量，推动了煤矿企业的信息化进程。辽宁科技大学的大型露天铁矿设备管理专家系统以 PM（total production management）和 PDCA（戴明环）的管理思想为基础，以设备生命周期管理理论为轴线，应用专家系统思想，借助信息化技术建立了大型露天铁矿设备信息管理专家系统，实现了设备的生命周期闭环管理（PDCA）和目标，提高了设备资源利用率、成为实现精细化管理目标的有力辅助手段。北京大学的刘桥喜等建立了煤矿安全信息共享与网络决策平台，针对煤矿安全信息管理存在的问题与煤矿工作流的特点，结合灰色地理信息系统与计算机支持下的协同工作（CSCW）理论提出了煤矿安全信息共享与网络决策平台的概念与体系结构，并从平台实现与煤矿安全数据角度阐述了基于元数据动态修正的灰色空间信息共享模型、煤矿安全网络决策的协同工作模型和相关的关键技术。

（4）专家系统实现了煤矿生产指标评价智能化，提高了煤矿生产经济效益。

英国诺丁汉大学用专家系统通用语言 Expertech 在计算机上开发出露天矿边

坡设计专家系统以及井下环境和露天矿环境影响评价的专家系统；北京科技大学开发的选矿指标预报专家系统，是建立人工神经网络模型，构筑选矿指标预报专家系统，进而优化选矿结构的方法。中国矿业大学开发的露天矿生产与生态重建适宜性评价专家系统，解决了土地利用的农、林、牧等适宜性评价问题，为大型露天煤矿复垦土地适宜性评价提供了方便快捷的决策工具。

1.6　煤矿专家系统技术研究及应用展望

煤矿专家系统技术研究及应用展望主要包含以下几个方面：

（1）基于知识自动获取的智能矿山专家系统。

拥有知识是专家系统有别于其他计算机软件工具系统的重要标志之一。目前，煤矿专家系统主要采用人工方法获取专家领域知识，知识获取通常由知识工程师与专家系统中的知识获取模块共同完成，知识工程师负责通过领域专家抽取知识，并用适当的知识表示方法把知识表示出来，专家系统中的知识获取模块负责把知识转换为计算机可存储的内部形式，把它们存入知识库。人工知识获取大都需要经过问题定义、概念化、形式化、实现与测试、修正与完善等几个阶段。采用这种方法获取知识往往会使专家系统的开发周期变得很长，效率不高。因此，提高专家系统知识获取效率的根本途径是实现自动获取。自动知识获取是指系统自身具有获取知识的能力，它不仅可以直接与领域专家对话，从专家提供的原始信息中"学习"到专家系统所需的知识，而且还能从系统自身的运行实践中总结、归纳出新的知识，发现知识中可能存在的错误，不断自我完善，建立起性能优良、知识完善的知识库。

解决知识获取的主要途径是机器学习，即让机器能够在实际工作中不断地总结成功和失败的经验教训，对知识库中的诊断知识进行调整和修改，以此丰富和完善系统知识。机器学习是提高智能专家系统的主要途径，也是衡量一个系统智能程度的主要标志。机器学习的方法有：基于实例的学习、基于神经网络的学习等。基于实例的学习是在系统遇到新实例时，通过分析新实例与以前存储旧实例之间的关系，获得新实例的分类。基于实例的学习方法包括基于实例的推理过程，在实例推理各阶段的任务中，实例的回收体现了实例的学习机制。通过对结构化实例库的冗余检测，实现多实例整合、知识抽取，并建立实例索引，完成机器学习功能。

在知识获取研究中，今后应进一步建立多种完善的学习机制，主要有：

1）基于机器学习的知识获取研究，即让机器能够在实际工作中不断地总结成功和失败的经验教训，对知识库中的诊断知识进行调整和修改，以丰富和完善系统知识。

2）基于现代归纳逻辑的背景，研究能处理不确定性信息（包括模糊的与随机的）与不完全信息的归纳推理和获取机制。

3）基于当代计算机科学和技术，加强对知识获取的算法、环境与自动获取技术的研究。

4）专家系统与数据挖掘技术进一步结合，研究高性能的数据挖掘算法，在线、实时获取更丰富的知识，进一步提高专家系统的性能和效率。

因此，发展和完善现有的知识学习方法，探索新的学习方法，建立新的知识自动学习系统，特别是多种学习方法协同工作的智能专家系统，是研究的一个重要方向。

（2）实现专家知识库的科学管理和维护。

知识库是专家系统的核心部分，是领域知识与经验的存储器。知识处理是计算机系统应用发展的一个必然趋势，而知识的系统化组织与管理则是知识处理的重要基础，它包括以下几方面内容：

1）知识的结构化表示与存储，这是知识系统化组织与管理的首要问题。面对庞杂的知识，必须首先进行分类，再进行结构化、形式化处理，最终以某种有效的结构将知识存入知识库。

2）对知识库里存放的知识，利用知识的存储结构，进行快速有效的查询与检索。查询中还应考虑各种约束条件的处理，带有推理因素，体现一定的智能性。

3）对知识库的知识进行增、删、改操作，并解决操作过程中出现的不一致问题和不完整问题。这是保证知识库中知识的正确性、完整性的重要措施。

4）知识库的日常管理与维护。知识的系统化组织与管理，在知识库系统基础上进行，并由知识库和知识库管理系统具体实现。除了组织与管理功能，知识库系统还具有很强的推理能力，两者结合，从而支持更高层次的查询、问题求解以及知识获取与学习。

（3）煤矿专家系统智能化程度有待进一步提高。

专家系统区别于计算机软件的主要标志就是其具有智能性，能够根据不同的原始条件推理出合理的、正确的方案和结果，从而达到专家级水平。目前，矿山专家系统越来越多地应用于矿业生产的各个领域，但由于专家系统专家知识库知识不一致或知识不完备，在对实际问题的推理和判断过程中，不能对提出的问题推理出合理的结果，从而不能达到专家级的水平。这种专家知识库的不完善使矿山专家系统失去了智能行为，极大地限制了问题的求解能力，甚至导致专家系统问题求解的错误。这种专家知识库的不完善也是目前矿山专家系统存在的普遍现象，也是使得很多已经开发的各类矿山专家系统不能够很好地发挥作用的主要原因。在今后很长的一段时间内，如何不断充实专家知识库，利用高技术算法，使专家知识库能够涵盖大量的领域知识、专家经验性知识以及行业知识等，是开发者们亟待解决的一个现实问题。今后，该问题的研究和探索将成为矿山专家系统研究的一个首要且十分重要的课题。

（4）煤矿专家系统应走综合集成发展之路。

矿山专家系统要将多种知识表示方法、学习机制和推理技术综合集成运用，才能优势互补。例如，将基于规则的推理技术和基于案例的推理技术进行适当的融合，推理技术与大规模的并行处理技术结合等，均会提高专家系统的性能和效率。尤其是神经网络、模糊数学理论等智能算法，Web 和 XML 技术的引入，更为专家系统的研究和发展注入了新的活力。因而，专家系统应该继续坚持多种技术综合集成的策略，以此更好地促进矿山专家系统的发展和应用。

综合（集成）智能控制系统的建立，各种智能控制方法都有其优势和不足，若能将两种和两种以上智能控制方法适当地结合起来并吸取各自的长处，则可组成比单一控制系统性能更好的综合（集成）智能控制系统。

（5）整合矿山领域专家系统，实现矿山领域专家系统生产管理系统化。

目前，各种矿山专家系统种类较多，水平参差不齐。作为采矿对象的地下岩体，其复杂性确定了采矿工程在很大程度上仍然是一门经验科学，无法用数学方法精确描述，这就为专家系统应用提供了客观需要。但由于目前技术水平的限制，相当一部分矿山专家系统都不能令人满意。同时，现阶段各种类型的专家系统数量较多，但都是针对某一个煤矿中的某一个方面进行开发的。因此，今后的工作是一方面继续深入和完善现有的系统，另一方面把专家系统技术与其他计算机方法，如数据库、决策支持系统等结合起来形成广泛意义的矿山专家系统，这样解决的问题将不仅是某一狭窄的领域，而是多方面多领域的综合性问题。

2　专家系统及煤矿巷道支护智能设计系统概述

2.1　专家系统简介及思想

2.1.1　专家系统简介

起源于 20 世纪 60 年代中期的专家系统是人工智能的一个分支，其实质是一个（或一组）能在某特定领域内，以人类专家水平去解决该领域中困难问题的计算机程序。用户可以通过调用已经储存了这些知识的计算机程序来获取所需要的特定的专家级建议。计算机能够通过推理得出推论，就像人类的顾问一样给出建议和解释，必要时可以给出建议背后的逻辑推理。专家系统提供了强大且灵活的手段来解决传统方法不能够处理的问题。因此，专家系统被广泛应用于社会和科技生活的各个领域，其在决策支持和复杂问题解决方面被证明具有关键性的作用。

2.1.2　专家系统思想

传统的应用程序系统的工作过程是在程序（或数据）的控制下，按规定的步骤逐条执行程序指令的过程。专家系统有所不同，它是在环境控制下的推理过程。它比前者能更及时、更灵活地反映环境的变化。由于专家系统的工作过程是一种推理过程，因此它"理解"自己行为的目的，"知道"采取某个步骤的缘由，所以它比传统程序系统具有更高的智能水平。

人类之所以成为某一领域中的专家，其关键在于掌握了关于该领域的大量专业知识。在这些知识中，一部分是从书本上学来的，但主要还是在长期实践中逐渐积累起来的。由此可知，如果计算机能够储存关于某一领域的大量专业知识，并能有效地利用这些知识去解决问题，那么计算机应该也能很好地解决该领域的复杂问题。专家系统的基本思想就是如此。Feigenbaum 曾经精辟地指出："专家系统的性能水平是它所拥有的知识数量和质量的函数。"一个专家系统所涵盖的知识越多、质量越高，它解决问题的能力也就越强。所以，专家系统实际上是通过在系统中存储大量的与应用领域有关的专门知识来达到解决高水平和复杂问题的能力。

2.2 专家系统的特征

专家系统的特征主要有：

（1）启发性。人类专家所掌握的大量专业知识都是其在长期的理论和实践中积累起来的，人类专家的技能也主要来源于这些启发性知识，开发的专家系统要达到人类专家处理问题的能力和水平就必须能够储存和利用这些启发性知识。

（2）透明性。专家系统应该具有解释功能，它可以回答用户的问题，包括推理机制、使用说明、参数选取范围、使用了哪些知识、知识内容以及它们的来源和合理性等方面，使得专家系统对用户来说是透明的，便于用户对知识库的修改和完善。

（3）可靠性。专家系统解决实际问题时，由于科学地总结了专家群体的智慧与经验，因而扩大了经验的范围和知识积累速度。同时，专家系统在总结了大量知识经验的基础上，采用科学推理机制和知识库进行推理决策，提高了解答问题的可靠性。

（4）教学功能。从某种意义上来说，专家系统是一部活的专家著作，它能够强有力地传播专家的知识与经验，从而普及专家的知识与经验，这对专业技术人才的培养、提高技术人才的素质会起到很大作用。

（5）延续性。专家的经验与知识是宝贵的，而人的生命是有限的，保留专家知识与经验最好的方法是研制专家系统。专家系统的研制成功将会突破这些限制，使得专家的知识能很好地加以推广和应用，并将经验性的专家知识随着时间和科技的进步不断延续下去。

2.3 专家系统的组成及分类

2.3.1 专家系统的组成

一般而言，专家系统由若干模块组成，各模块功能不同且相对独立。其组成主要包括：人机接口、知识库、推理机、数据库、解释机制。专家系统的基本组成及其结构关系如图 2 - 1 所示。

2.3.1.1 人机接口

人机界面是系统与用户进行交流时的界面。通过该界面，用户输入基本信息、回答系统提出的相关问题，使人与计算机之间的交互能够像人与人之间的交流一样自然和方便，系统输出推理结果及相关的解释也是通过人机交互界面来实现。人机接口的良好设计可以改善人机交互的友好性，从而提高人们对专家系统的应用操作水平。

2.3.1.2 知识库

知识库是专家系统的核心部分，它包含有描述关系现象方法的规则，以及在

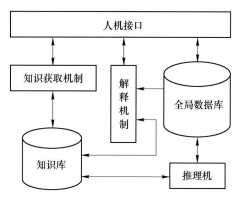

图 2 - 1　专家系统的基本组成及其结构

系统专家知识范围内解决问题的知识。知识库由事实性知识和推理性知识组成，是领域知识与经验的存储器，它包括：（1）领域的事实，这是共有的知识；（2）启发式知识，它是在一个领域内凭借正确实践和判断所获得的知识，是专家经过多年实践掌握的经验。

专业知识可分为公开知识和个人知识。前者是写在文献或著作中的知识，包括定义、事实和理论；后者则是专家的能力，不仅限于公开发表的知识，还包括未曾发表和公开过的个人知识。这种凭经验的个人知识就是启发式知识。

知识库是决定一个专家系统性能是否优越的主要因素。实际上，一个专家系统性能高低取决于知识库的三种性能：可用性、可靠性和完善性。因此，知识库的设计与建造是专家系统的一个技术关键。

2.3.1.3　推理机

推理机的作用是控制、协调整个系统的工作。具体来说，它针对当前问题的条件或已知信息，反复匹配知识库中的规则，获得新的结论，以得到问题求解结果。推理机和知识库组成了专家系统的核心，推理机就如同专家解决问题的思维方式，知识库就是通过推理机来实现其价值的。专家系统推理机结构如图 2 - 2 所示。

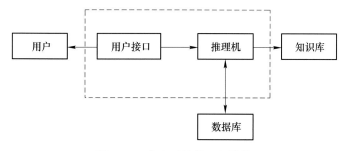

图 2 - 2　专家系统推理机结构

2.3.1.4　数据库

数据库的作用是存储问题的初始数据和推理过程中得到的各种信息，也就是存放用户回答的事实、已知的事实和推理得到的事实。数据库存放的是系统当前要进行处理对象的一些事实。例如，在回采巷道支护方案决策专家系统中，数据库中存放的是巷道的基本数据，主要包括地质条件、生产技术条件以及在推理过程中获得的数据、结论性信息等。

在专家系统中，常用的推理方式有两种：正向推理和反向推理。

（1）正向推理。由原始数据出发，按一定策略，运用知识库中专家知识，推出结论的方法，称为正向推理。正向推理示意图如图2-3所示。

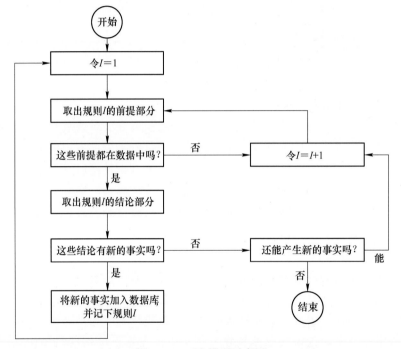

图 2-3　正向推理示意图

（2）反向推理。先提出结论（假定），然后去寻找支持这个结论的证据，称为反向推理。反向推理示意图如图2-4所示。

2.3.1.5　解释机制

解释机制是一组程序，既处理人机对话，也对用户的提问做出回答。一个专家系统必须能够解释它所给出的决策和建议，否则，人们无从知晓它的决策或建议正确与否，即使它的决策或建议是正确的，也很难为人们所接受。解释部分的主要功能是解释系统本身的推理结果，回答用户的问题。到目前为止，计算机对自然语言的理解还是很有局限性的，因此，计算机只能回答预先设计好的问题。

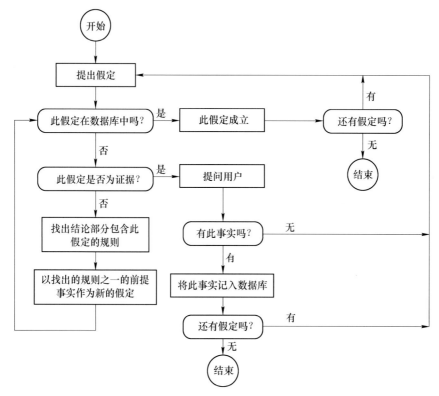

图 2-4　反向推理示意图

2.3.2　专家系统基本分类

专家系统可以按许多不同的方法来分类。按照其应用领域来分,有医疗专家系统、地质专家系统等。此外,还可以按它们使用的 AI 技术分类。例如,按知识表示技术分类可以有基于规则的专家系统、基于语义网络的专家系统、基于框架的专家系统、基于案例的专家系统、基于神经网络的专家系统、基于遗传算法的专家系统等。

2.3.2.1　基于规则的专家系统

基于规则推理(rule based reasoning,RBR)的专家系统是一个包含以规则的形式来体现的从系统获取信息的推理方式。规则可以被用来执行数据操作和推断,以达到满意的结论。这些推理的本质是一组计算机程序,它能够为规则库或者知识库的信息推理以及推理结论提供一些方法。

规则主要是根据专家积累的经验、领域行业规范性要求,将其归纳成规则,通过启发式经验知识进行推理。它具有明确的前提和确定的结果。RBR 是构建专家系统最常用的方法,这主要归功于大量的成功实例。基于规则的方法容易使知识工程师与领域专家合作。但是，基于规则的缺点也不可否认，规则间的相互关系不明显，知识整体形象不易把握，处理效率低并且灵活性差。随着系统知识库内容增加和推理复杂程度的加大，其规则库的管理成为较大的难题，易产生知识组合爆炸。

基于规则的专家系统采用下列模块来建立产生式系统的模型：

（1）知识库。以一套规则建立人的长期存储器模型。

（2）工作存储器。建立人的短期存储器模型，存放问题事实和由规则激发而推断出的新事实。

（3）推理机。通过把存放在工作存储器内的问题事实和存放在知识库内的规则结合起来，建立人的推理模型，以推断出新的信息。

基于规划的专家系统的结构如图 2-5 所示。

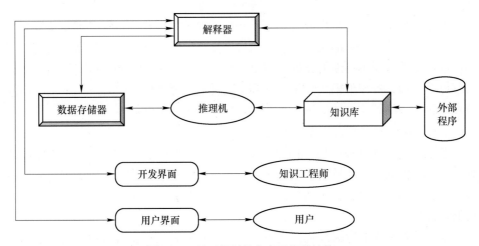

图 2-5　基于规则的专家系统的结构

2.3.2.2　基于语义网络的专家系统

语义网络是一种采用有向图的知识表达方式，语义网络结构如图 2-6 所示。

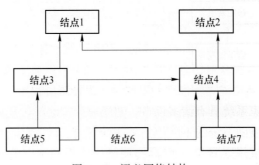

图 2-6　语义网络结构

语义网络提出以客体模拟世界语义，使其知识表示非常灵活，因为新的结点和边能按要求不加限制地定义，构成知识的层次结构。然而，由于语义网络只是描述了客体属性和客体间的联系，将客体行为与客体属性割裂开来，使得客体属性的修改对系统的影响无法预料。因此，这种知识表示方法很难开发和维护，特别是对于大型知识库更是如此。语义网络能记忆关于世界的静态知识，但它无法记忆动态知识。另外，语义网络记忆静态知识带有盲目性，网络本身无法明白为什么要记忆知识，这是由于语义网络是说明性的知识表达方式，它要借助于控制知识才能利用已经存储于网络中的知识。

2.3.2.3 基于框架的专家系统

框架系统理论是 1975 年由明斯基（M. Minsky）提出来的。基于框架的专家系统可看作是基于规则的专家系统的一种自然推广，是一种完全不同的编程风格。

框架是把某一特殊事件或对象的所有知识存储在一起的复杂数据结构，它包含过去定义的内在关系的说明信息和过程信息以及未来的情况，依靠它们可以利用以前获得的知识解释新的数据。与语义网络一样，框架能极好地模拟现实世界的客体。然而，框架的模块性不是很好，而且缺乏灵活性。框架表示法最突出的特点是善于表达结构性的知识，且具有良好的继承性和自然性。

2.3.2.4 基于案例的专家系统

基于案例推理（case based reasoning，CBR）的方法就是通过搜索曾经成功解决过的类似问题，比较新、旧问题之间的特征、发生背景等差异，重新使用或参考以前的知识和信息，达到最终解决新问题的方法。这种类比推理比较符合人类的认知心理。

基于案例推理的专家系统，是采用以前的案例求解当前问题的技术。求解过程如图 2-7 所示。

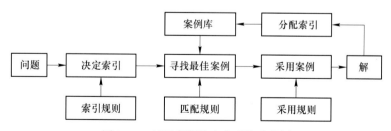

图 2-7 基于案例的专家系统流程图

基于案例的专家系统具有诸多优点：知识获取难度低；开放体系、增量式学习，案例库的覆盖度随系统的不断使用而逐渐增加。基于案例的推理方法适用于领域定理难以表示成规则形式，而容易表示成案例形式并且已积累丰富案例的领域。它的难点在于案例特征的选择、权重分配以及处理实例修订的一致性检验等问题。传统的基于案例的方法难以表示案例间的联系，对于大型案例库，案例检索十分费时，并且难以决定应选择哪些特征数据以及它们的权重。

2.3.2.5　基于神经网络的专家系统

人工神经网络（artificial neural network，ANN）是模拟生物神经网络进行信息处理的一种数学模型。

人工神经网络从 20 世纪 80 年代后期开始兴起（由理论研究阶段发展到应用阶段）。它从微观上模拟人脑功能，是一种分布式的微观数值模型，神经元网络通过大量经验样本学习知识。更重要的是，神经网络有极强的自学习能力，对于新的模式和样本可以通过权值的改变进行学习、记忆和存储，进而能够在以后的运行中判断这些新的模式。

神经网络模型从知识表示、推理机制到控制方式，都与目前专家系统中的基于逻辑的心理模型有本质的区别。这种知识不是通过人的加工转换成规则，而是通过学习算法自动获取的。推理机制从检索和验证过程变为网络上隐含模式对输入的竞争。这种竞争是并行的和针对特定特征的，并把特定论域输入模式中各个抽象概念转换为神经网络的输入数据。神经网络很好地解决了专家系统中知识获取的瓶颈问题，能使专家系统具有自学习能力。神经网络技术的出现为专家系统提供了一种新的解决途径，特别是对于实际中难以建立数学模型的复杂系统，神经网络更显示出其独特的功效。

然而，神经网络专家系统也存在固有的弱点：

（1）训练样本集选择不当，很难指望它具有较好的归纳推理能力。

（2）没有能力解释自己的推理过程和推理依据及其存储知识的意义。

（3）利用知识和表达知识的方式单一，通常的神经网络只能采用数值化的知识。

（4）只能模拟人类感觉层次上的智能活动，在模拟人类复杂层次的思维方式上还有不足之处。

2.3.2.6　基于遗传算法的专家系统

遗传算法（genetic algorithm，GA）是一种基于自然选择和基因遗传学原理的优化搜索方法。它由美国 Michigan 大学教授 John H. Holland 于 1975 年首先提出。遗传算法将问题的求解表示成染色体，从而构成一群染色体。将它们置于问题的环境中，根据适者生存的原则，从中选择出适应环境的染色体进行复制。通过交换、变异两种基因操作产生出新的一代适应环境的染色体群，这样不断进化，最后收敛到一个最适合环境的个体上，求得问题的最优解。

与一般的寻优方法相比，遗传算法具有很多优点：

（1）它是一种全局优化算法。

（2）在模糊推理隶属度函数形状的选取上具有更大的灵活性。

（3）可通过大规模并行计算来提高计算速度。

（4）可在没有任何先验知识和专家知识的情况下取得次优或最优解。

遗传算法作为优化搜索算法，一方面希望在宽广的空间内进行搜索，从而提高求得最优解的概率；另一方面又希望向着解的方向尽快缩小搜索范围，从而提高搜索效率。如何同时提高搜索最优解的概率和效率，是遗传算法需要进一步探索的问题。

2.3.2.7　基于模糊逻辑的专家系统

模糊理论（fuzzy theory）的概念由美国 California 大学教授扎德首先提出。模糊性是指客观事物在状态及其属性方面的不分明性，其根源是在类似事物间存在一系列过渡状态，它们互相渗透、互相贯通，使得彼此之间没有明显的分界线。

基于模糊逻辑的专家系统的优点在于：具有专家水平的专门知识；能进行有效的推理，具有启发性，能够运用人类专家的经验和知识进行启发性的搜索、试探性的推理；具有灵活性和透明性。但是，模糊推理知识获取困难，且系统的推理能力依赖模糊知识库，学习能力差，容易发生错误。

2.4　专家系统知识获取

专家系统的知识获取部分也称为系统的学习功能，它为系统的改善提供了方便。主要涉及的内容是知识库的维护，包括知识的修改、完善、添加、整理等。

知识获取是一个与领域专家、知识工程师以及专家系统自身都密切相关的复杂问题，由于各方面的原因，至今仍然是一件相当困难的工作，被公认为是专家系统建造中的一个"瓶颈"问题。目前，知识获取通常由知识工程师与专家系统中的知识获取模块共同完成，知识工程师负责通过领域专家抽取知识，并用适当的知识表示方法把知识表示出来。专家系统中的知识获取模块负责把知识转换为计算机可存储的内部形式存入知识库。

2.4.1　知识获取的任务

抽取知识是把蕴含于知识源（领域专家、著作、相关论文及系统运行实践等）中的知识，经过识别、理解、筛选、归纳等步骤抽取出来，用于建立知识库。知识转换是把知识由一种表示形式转换为另一种表示形式。知识转换一般分两步进行：第一步是把从专家及文献资料中抽取的知识转换为某种知识表示模式；第二步是把该模式表示的知识转换为系统可直接利用的内部形式。知识输入是把用适当的知识表示模式所表示的知识经过编辑、编译送入知识库的过程。目前，知识的输入一般是通过两种途径实现：一种是利用计算机系统提供的编辑软件；另一种是利用专门编制的知识编辑系统，称为知识编辑器。

2.4.2　知识获取的方式

知识的获取有三种途径：

（1）人工获取方法。采访领域专家，收集整理领域知识，将这些知识以适当的形式存入知识库，如图 2 - 8 所示。

（2）自动知识获取。自动知识获取是指系统自身具有获取知识的能力，它不仅可以直接与领域专家对话，从专家提供的原始信息中"学习"到专家系统所需的知识，而且还能从系统自身的运行实践中总结、归纳出新的知识，发现知识中可能存在的错误，不断自我完善，建立起性能优良、知识完善的知识库。

（3）半自动知识的获取。这种方法是上述两种方法的折中。领域专家通过与系统会话，告诉专家系统必要的信息，系统便自动将这些信息转换成内部知识表示形式存入知识库。

知识获取系统的实现结构如图 2 - 9 所示。

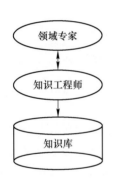

图 2 - 8　人工方式获取知识

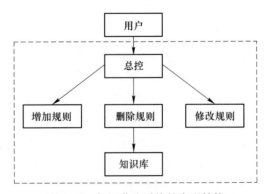

图 2 - 9　知识获取系统的实现结构

2.5　专家系统知识表示

专家系统知识表示是将关于世界的事实、关系等编码成一种合适的数据结构，即将数据结构和解释结合起来，在程序中以适当方式使用并使程序产生智能行为。同一知识可以用不同的表示方法，而在解决某一问题时不同的表示方法可能产生完全不同的效果，因此，为了有效解决问题，我们必须选择一种合适的表示方法。知识表示主要的问题是选择合适的形式表示知识，即寻找知识与表示之间的映射。它研究的问题是设计各种数据结构，即知识的形式表示方法；研究表示与控制的关系、表示与推理的关系以及知识表示与其他领域的关系。知识表示法，又称知识表示模式或知识表示技术。因为知识有内容和形式之分，所以知识表示法也被划分为句法系统（syntactic systems）和语义系统（semantic systems）两大类。

在专家系统中，要使专家系统能像人类专家那样进行思维和推理，就要把人类专家的知识以计算机可以接受的形式表示出来。实际上，专家系统的工作过程就是一个获得并应用知识的过程。描述知识的方式很多，本书主要说明以下几种：

（1）用知识的三维空间来描述，如图 2-10 所示。知识的三维空间包括知识的范围、知识的目的及知识的有效性，范围由具体到一般，目的由描述性到指示性，有效性由确定到不确定。

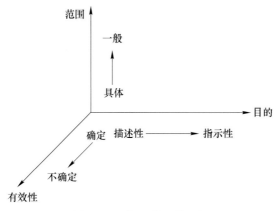

图 2-10　知识的三维空间

（2）用 K = F + R + C 模式来表示，其中 K 表示知识（knowledge items），F表示事实（fact），R 表示规则（rules），C 表示概念（concepts）。"事实"是指人类对客观世界事物的状态、属性、特征的描述，以及对事物之间的关系的描述；"规则"是指能表达前提与结论之间的因果关系的一种形式；"概念"主要是指事实的含义。如何把知识的三维空间所描述的事实和规则用计算机所能接受的形式表示出来是建立知识库的首要条件。

（3）过程表示法。过程表示法是将知识包含在若干过程中，它强调知识的动态方面，体现知识的行为。过程是一小段程序，它处理某些特殊事件或特殊状态，每个过程都包含说明客体和事物的知识。采用过程表示的知识库，其特征知识库是许多过程的集合，在系统中表现为不同的计算模块。过程表示最大的优点是高度的模块化。

（4）产生式规则表示法。产生式规则表示法（production rule）是一个具有如下形式的语句：

if(condition is satisfied)

then(action)

运用产生式规则的基本思想是从初始的事实出发，用模式匹配技术寻找合适的产生式，代入已知事实后使产生式的前提（条件）为真，则这个产生式可以作用在这组事实上，即产生式被激活，从而推出新的事实，以此类推，直到得出结论为止。规则执行的过程如图 2 – 11 所示。

在实际推理中，引入"规则架"与"规则架"的表达模式，其一般形式为：

if $E_1, E_2, \cdots, E_n$

then A

它反映问题领域的推理网络中具有如下层次关系，如图 2 – 12 所示。

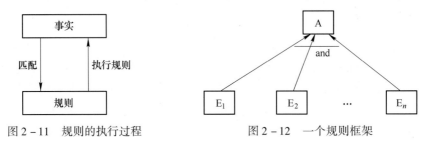

图 2 – 11　规则的执行过程　　　　　图 2 – 12　一个规则框架

2.6　专家系统的建造

2.6.1　专家系统的设计

专家系统建造的最终目的是设计出能解决实际问题的智能系统，其设计应遵循一定的基本原则：

（1）方便性。指专家系统在用户使用时为其提供的方便程度，包括系统的使用帮助、界面设计、操作方式、推理结论、表达方式、解释能力和表达形式。

（2）可靠性。指系统给出推理方案的可靠性以及系统自身的稳定性。知识库中知识的丰富程度、知识库管理、系统的解释能力及系统开发平台和架构设计是影响可靠性的关键因素。

（3）有效性。系统在实际解决问题时表现在时空方面的代价及所解决问题的复杂性。知识的种类、数量、知识的表示方式以及使用知识的方法或机构都是影响系统有效性的主要因素。

（4）可维护性。主要指系统在使用过程中对于知识库和系统本身要不断升级，要考虑其是否便于修改、扩充和完善。其主要是基于知识获取和再学习以及专家系统的开发环境变化等。

（5）智能性。专家系统具有了知识库和推理机就具备了"专家"级别的首要条件，智能性程度的高低直接影响着系统能否发挥作用。

2.6.2　专家系统的开发

设计专家系统的实质就是实现人的知识向系统的有效转移。因此，知识的获取、表示和运用就是设计专家系统的基本技术。专家系统技术本身正在不断发展，而且它的构造细节比较灵活，没有严格的分析途径可供遵循。一般来讲，开发一个务实的专家系统，一方面要求知识工程师具有较好的专家知识和软件设计水平，另一方面又要求知识工程师遵循良好的开发步骤。一般而言，开发一个专家系统需要经过以下几个阶段：

（1）确定专家系统目标及可行性分析。首先确定目标、现有条件、当前实际可用资源、项目人员及初步任务。明确所要解决的问题并对其可行性做出结论；确定所处理的问题本身的特征、用户对此问题的要求以及现阶段解决该问题的方式和水平；确定知识的来源途径；规定系统的实现目标；估算系统开发所需的人力、财力、物力（硬件资源和软件资源）和时间；分析问题的可行性；如果可行，则要确定日程计划。所有这些工作可以说都是围绕确定问题的特征及用户的需求而展开的。

（2）专家系统知识获取阶段。知识获取是建造专家系统的一个关键核心。知识工程师和领域专家只有深入地合作才能够得到准确、有效的领域知识。该阶段性任务不在于如何用适合于计算机的形式表示知识，而在于如何获得领域专家的知识。由于领域专家的经验知识有很大的不确定性，所以知识工程师和专家要把所表达的知识概念化。概念化的工作包括问题及其子问题、相关因素、解决方法、约束条件以及问题答案的表达形式和要求。

（3）专家系统整体结构设计。基于需求和系统的类型和特征，确定知识的基本单元、组织形式和结构，以及问题求解的推理技术和控制策略，最后给出总体结构设计和每一部分的详细设计。

（4）专家系统的实现阶段。这一阶段的主要任务就是编程，包括知识的形式化（转换成计算机内的表示形式）和各种算法的具体实现。在系统开发前，要根据问题的特性选择有效的开发工具和环境，因为开发工具和环境影响研发周期和运行效果。

（5）专家系统测试与完善。由于种种原因，知识工程师很难保证一次性准确有效地获得领域知识。知识工程师所选的知识表示方法及推理控制策略也很难保证是绝对有效的。这些问题只有在系统测试过程，即问题的求解中才能得到最终的检验。因此要对所设计的系统进行不断地测试和完善，这样才能最终提交给用户使用。

建造一个性能优良、实用性强的专家系统是一个不断完善和升级的过程，在系统完成后也要根据系统的实际应用反馈、相关专业技术的发展以及计算机技术的发展不断完善系统，其建造过程是一个逐步扩充知识、优化推理机制的反复循序渐进的过程。

2.7　煤矿巷道支护智能设计系统概述

2.7.1　煤矿巷道支护智能设计系统简介

煤矿巷道支护智能设计系统是中国矿业大学（北京）具有独立知识产权的智能处理系统。该系统基于智能技术及 FLAC^{3D} 数值模拟二次开发技术，采用多种支护设计方法进行有机结合，利用计算机智能技术和支护专业知识，建立了具有智能化的推理机、内容丰富的知识库和解释系统，基本具备了煤矿巷道支护方案决策优化以及支护断面工程图自动绘制功能。该系统的完成旨在基于支护专业性知识和计算机智能技术提供支护方案、优化支护参数、改善支护效果，达到安全、高效施工的目的。系统从设计到开发调试，一直基于现场实用性，在不同矿区进行长期反复使用反馈的基础上进行了多次升级和完善。应用该系统对实际煤矿支护案例进行方案决策和优化，咨询结果与实际情况基本吻合，证实了系统决策的可靠性，同时开发了智能化的支护断面自动绘图系统。煤矿巷道支护智能设计系统为煤矿信息化建设和支护技术发展提供了参考。

2.7.2　煤矿巷道支护智能设计系统实现的主要目标

煤矿巷道支护智能设计系统实现的主要目标包括：

（1）提出煤矿巷道支护设计专家系统的组成和设计思路。

学习专家系统开发的相关知识，对计算机处理技术的程序开发、信息转换原理等知识进行了解和学习，力求获得最新的技术知识，使开发的系统能跟上计算机信息的发展。学习和研究支护参数设计的专家系统模型、推理机设计、合适的计算机环境（尤其是软件环境）、系统的配置方案、面向对象的人工智能语言、知识库的设计等。

（2）用多种知识表示方法把巷道支护专家知识建成一个便于推理的知识库。

把收集的大量锚杆支护设计专家知识建成一个便于推理的知识库。知识库主要用来存放领域专家提供的专门知识和收集的现场资料，是专家系统的核心部分。知识库与传统数据库的主要区别是：数据库一般是被动的，而知识库则更有创造性；数据库中的事实是固定的，而知识库总是不断补充新的知识。

（3）用支护的专业规范知识和收集的专家推理性知识对支护的各种参数进行优选。

根据现场实测资料、施工技术人员的经验、锚杆支护的专业规范知识、专家推理性知识和支护参数理论经验公式，结合现场不同的实际情况，确定比较合理的锚杆支护参数。将系统应用到生产矿井，推理出在特定的地质开采条件下，回采巷道应选取的合理的锚杆支护形式和支护参数，从而实现支护设计的自动决策。

（4）基于 FLAC^{3D}二次开发技术实现支护参数的优化。

利用计算机开发技术，基于先进的岩土工程数值模拟工具进行二次开发。基于分析功能强大的 FLAC^{3D}，利用开发语言以及 FLAC^{3D}接口程序开发，所有本构模型均以动态链接库的形式提供给用户，系统会自动调用用户指定的动态链接库 DLL 文件，实现建模的直观、快速和自动化。系统界面友好、简洁、直观。用户不需要具备任何 FLAC 软件知识，只需输入指定的相关原始数据，系统便可自动进行方案模拟和参数优化。

（5）运用计算机开发和设计语言 C#和 Object ARX 开发工具，建立一个具有良好人机交互界面的煤巷支护设计专家系统。

采用面向对象的编程技术开发出一个比较通用的基于 AutoCAD 的绘图智能系统，并在此基础上实现系统与专家知识库的结合，使之具有较高的智能化水平。用 C#语言编写的程序经过编译、链接，最后生成 Object ARX 应用程序。Object ARX 开发环境提供一个面向对象的应用程序接口，开发人员可以利用接口使用、修改和扩展 AutoCAD。

2.7.3　煤矿巷道支护智能设计系统设计思想

系统设计遵循由小到大，由简到繁，使系统逐步趋于成熟的原则。主要目的是能更合理、准确、快捷地提供支护方案，自动生成支护设计报告及支护图表。系统推理结构图如图 2 – 13 所示。

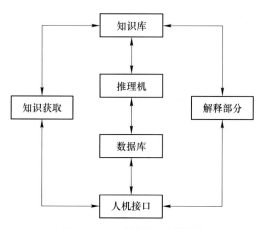

图 2 – 13　系统推理结构图

具体而言，支护设计系统的主要设计思想包括以下几个方面：

（1）准确定位。明确使用支护设计系统的用户群体，基于用户实际需要，选择合适的开发平台、语言及系统结构设计，便于用户方使用方便，能够解决他们在煤巷支护方面的技术问题。

（2）实用至上。系统的研发手段是有机结合领域诸多专家知识及先进的计算机智能技术，在探索一种新的支护设计方法的基础上力争保障系统的实用性。同时，为了尽可能满足用户实际使用需求，系统知识库内容丰富，能够满足不同条件下的实际使用需求，体现系统较高的实用性。

（3）结构简单。利用分层结构和模块化设计实现系统操作流程简单的目标，充分发挥系统的运行效率及安全稳定性，为用户提供实用、高效、准确及合理的煤巷支护方案设计。

2.8　煤矿巷道支护智能设计系统分析

系统分析是系统设计的基础和前提，并且是一个不可逾越的工作过程。系统分析的基本工作是系统调查和分析。它有两大任务：一是分析系统的需求和结构特征，具体了解并掌握系统的服务对象、设计目的、结构要素、性能指标、工作环境、工作流程及系统保护策略；二是分析系统的业务和数据现状，逐步建立系统的实体模型和概念模型。考虑到系统的实用性及今后的推广使用，充分考虑目前和将来的用户需求，深入煤矿详细了解并认真分析目前的锚杆支护设计和井下支护施工的现状、未来的发展与功能的需求，由此确定系统的基本服务对象和内容。

2.8.1　研究任务与目标分析

煤矿生产是一个复杂的、大规模的生产活动，它涉及大量的人力、物力和财力。如何使这样一个庞大的生产实体高质高效运转，需要煤炭生产企业具有较高的管理和生产技术水平。在当今的煤矿开采过程中，传统的管理及施工设计方法已远不能满足现代化煤矿生产的实际需求，利用现代化的计算机进行信息化的生产管理和工程设计是解决该问题的最佳途径。为此，研究的主要任务是利用最先发展的巷道支护技术及人工智能技术，开发巷道施工智能设计系统，实现煤矿巷道支护形式和参数的科学合理选择。

尽管目前矿山辅助设计系统数量较多，但是在煤矿生产中较为实用的、具有普遍适用性的煤巷支护设计系统还非常有限。另外，已有系统在智能性、数据输出、开发环境等方面有一定的局限性。同时，不同地区煤矿的生产条件有较大的不同，使得这些专家系统很难被推广和应用。由此，针对我国煤矿开采的实际情况，结合现有的理论知识和工程实践经验，把最新的计算机知识应用到传统的煤矿工业生产中，建立煤矿巷道支护智能设计系统，对于改变传统方法费时费力、科技含量低、精度不高的局面，将具有重要的理论和生产实践意义。

2.8.2　需求和可行性分析

2.8.2.1　系统需求分析

用户需求调查的目的，就是弄清楚用户现行业务的运作过程，全面了解用户对系统功能的要求，定义用户需求的逻辑功能，进一步确定系统的具体目标。

系统的主要用户是煤矿生产工程设计部门、井下掘进施工区队的技术人员等。通过到设计单位和井下施工一线深入调查，了解到如下情况：巷道支护参数的确定和矿图的绘制等还停留在传统的人工分析手算和绘制阶段；针对目前我国大多数煤矿的支护设计而言，主要采用工程类比和经验来确定支护参数，工程的类比也是很简单的套用已开拓巷道的经验数据，设计方案优劣与技术人员的专业技能水平的高低和工程经验的丰富与否密切相关，一般情况下支护设计缺乏科学合理的理论依据，实际工程效果较差；与此同时，矿图是整个设计工作成果的形象表达，而支护断面图的绘制因其工作量大、工序繁琐、重复过程多等显著的特点，使得人工绘图的工程设计人员颇为棘手，并且人工绘制费时费力，成图质量难以保证。综上而言，科学合理、安全高效的煤巷支护设计是煤矿高效掘进的必要条件，因此，采用计算机智能化的巷道支护设计和矿图绘制是煤矿生产的迫切要求。

2.8.2.2 系统可行性分析

系统是在了解工程需求的情况下，根据我国煤矿巷道的工程设计原则，在立足应用、强调实用和兼顾技术先进性的指导思想下进行的。任何事物的产生和发展都有其一定的前提条件和适用范围，专家系统也不例外。一般情况下，在某个领域建立专家系统的前提条件是：

（1）本领域内有专家存在。

（2）专家能够解释和描述他们用于解决本领域问题的方法。

（3）该问题具有认知技能的特征。

（4）复杂的问题能够分成较小、相对独立的问题来解决。

我国巷道工程分布在各种各样的地质条件下，长期的工程实践和多年来开展的巷道支护与矿山压力的研究造就了大批具有丰富实践经验的专家。这些巷道支护设计和施工专家具有对巷道工程环境的认识和巷道支护设计方案决策的经验，在现场巷道设计和施工中起着十分重要的作用。中国矿业大学（北京）在煤巷掘进支护技术的理论研究方面做了大量的工作，并取得了一定的成果。对于我国的大型煤矿企业来说，显然他们拥有丰富的巷道支护经验。两者理论和实践的结合就使得煤巷支护智能设计系统的建立具备了必要的条件。

2.9 煤矿巷道支护设计的基本原则和依据

2.9.1 煤矿巷道支护设计的基本原则

基于我国不同矿区煤矿巷道掘进的实际生产情况和煤炭工业开采技术的发展，在进行巷道掘进支护设计时，应遵循以下基本观点和原则：

（1）我国煤炭资源丰富，矿区分布范围广，导致不同矿区地质条件和生产条件差别较大，各矿区之间煤炭开采技术水平参差不齐。在巷道掘进支护设计时，应充分考虑不同矿区实际生产特点，选取满足其实际生产和地质条件的支护设计方案。

（2）尽量选择技术上先进的支护形式，逐渐改善井下的生产环境，减轻工人的体力劳动强度。目前，巷道掘进与工作面回采相比，机械化水平较低，巷道支护的设计应有利于巷道掘进、支护机械化水平的提高。

（3）保证满足煤矿生产和安全的需要。巷道支架必须与巷道围岩变形的规律相适应，保证巷道断面满足生产过程中通风、行人和运输的要求，为工作面采煤提供良好的条件。

（4）在技术满足生产要求的前提下，力求经济上合理。对适用于锚杆支护的巷道，首先考虑选择锚杆支护，以减轻工人的劳动强度，达到较好的经济效果。

（5）巷道支护形式的选择应满足工作面综合机械化生产的需要，为工作面高产高效、充分发挥工作面采煤机械的能力、矿井生产集中化创造先决条件。

（6）地下工程和回采过程的稳定问题可视为一个由若干有机联系要素组成的整体。在进行支护设计时，只有把局部设计与整体设计结合起来，才能充分发挥支护的功能。即应该首先按照岩体地质条件的特征，对围岩稳定性进行分级，研究哪些方案与该划分区域可以匹配。

（7）在充分考虑地质条件和生产需要的情况下，支护设计应做到经济上合理、技术上安全可靠，而且有一定的先进性。

（8）支护与围岩应视为统一的整体。支护设计应以维护围岩的稳定为目的，要在时间和空间上充分发挥围岩的承载能力。在从设计到施工的全过程中都应尽量减少对围岩的破坏，防止围岩恶化，保护和提高围岩的稳定能力。

以上是支护设计过程中需要遵守的基本观点，下面论述在支护设计中应遵循的设计原则：

（1）根据围岩的稳定性、岩体结构和使用要求，选择支护类型和支护参数。

（2）采用现场勘察、实验和力学计算相结合的方法，分析影响围岩支护的主要因素。

（3）根据围岩稳定性和巷道顶、底板的实际情况，采用合理的支护形式。对于中硬以上的围岩，采用局部加固、尽早顶住围岩的刚性支护；对于软岩，按以柔克刚、先让后抗的支护准则，采用可缩性支架。

2.9.2　煤矿巷道支护设计方案决策的依据

2.9.2.1　主要影响因素的确定原则

影响巷道支护形式与参数合理选择的因素很多，在系统中要全面考虑所有的影响因素目前还是不可能的。因此，在系统中只能考虑对选择支护形式与参数起重要作用的因素。确定这些因素主要可从以下三个方面考虑：

（1）能反映巷道围岩稳定性的特点，对不同支护形式和参数起决定作用。

（2）各因素之间相互独立，简化问题分析。

（3）确定指标应便于现场采集，物理意义明确，在技术许可的情况下容易得到可靠的数据。

巷道围岩稳定性分类是确定巷道支护形式与参数的基础。在围岩分类中，目前已经确定了影响巷道围岩稳定性分类的 7 个主要因素。在巷道支护方案决策中围岩分类的因素仍然起着重要的作用。系统确定的影响巷道围岩稳定性分类的主要因素是：围岩强度、围岩应力、巷道埋深、岩体的结构与构造、巷道宽度、岩层的倾角等；另外在巷道的支护形式选择与支护参数的确定中，开挖方式、地下水等也起着重要作用。

2.9.2.2 主要影响因素的确定

（1）围岩稳定性分类涉及的影响因素。由于围岩稳定性分类在巷道支护中占有十分重要的地位，因此，确定了围岩强度、围岩应力、巷道埋深、岩体完整性指数、直接顶厚度与采高比值、护巷煤柱宽度等因素。

（2）岩体的结构与构造。岩体的结构与构造直接影响着岩体的整体性和强度。

（3）巷道的宽度。巷道的宽度对巷道支护断面形式和支护参数的确定起着重要作用。巷道的宽度小时考虑矩形、梯形断面，宽度大时则为拱形断面。

（4）回采方式的影响。对于煤巷的支护而言，回采方式对其支护具有较大的影响，对于沿空留巷的回采巷道，除受到工作面前方集中应力的作用外，还受到工作面后方顶板下沉对巷道稳定性的影响。

（5）水的影响。对于煤矿而言，某些膨胀性质的矿物或土质遇水膨胀，会降低巷道围岩的强度。

（6）巷道顶板的岩性。对于全岩巷道而言，支护效果相对较好。对于煤巷，顶板的岩性和厚度会影响到支护锚杆的长度、支护方式等。

（7）巷道所处位置。巷道位置的不同也会对巷道支护方案的选择产生重要影响。在巷道上方为采空区，或者一侧为煤柱等位置都需有特殊的支护考虑。

2.10 煤矿巷道支护智能设计系统主要特点

煤矿巷道支护智能设计系统的主要特点有：

（1）简约的界面设计，"傻瓜式"的操作模式。

1）简约的界面设计。基于多年来与煤矿一线技术人员的交流沟通，根据实际需求和具有"煤矿特色"计算机系统的用户体验，在保证软件系统开发一定的原则下不断改进和优化系统界面设计，充分满足煤矿相关用户使用习惯和要求。简约的界面设计，便于用户短时间内熟悉系统操作窗口，减少繁琐操作，避免困难和迷惑，力争友好，便于使用。

2）"傻瓜式"的操作模式。该模式为系统的主要特色。煤矿生产一线技术人员水平参差不齐，煤矿"粗放式"的生产管理特点促使"实用、好用、能用"为系统开发首要原则。对于需要用户输入的原始参数要能使一线技术人员通俗易懂，需要数据能够简便获取，不需要复杂、理论性强的运算，这种"实用性"原则要求系统要像"傻瓜式"相机一样便捷，使得没有受过较强理论专业训练的普通人也能轻松使用。

（2）智能化方案决策和图形绘制。

1）基于参数的适用条件和一般使用范围对系统进行了限定，用户操作失误或超出一般情况下的数值时，系统具有自动提醒功能，保障输入的准确性，利于推理方案的合理和实用。

2）支护断面工程图包含元素众多，涉及因素复杂，仅仅通过有限的原始参数的输入不可能全部反映真实的结果。通过知识库和推理机的设计、完善，系统会根据用户的输入进行智能性的判断、分析和自动匹配等，进而完成方案的正确推理和标准化的图形绘制。

（3）标准、快捷的支护断面工程图表自动绘制。

支护断面工程图表自动绘制是该系统的一大特色。前后几十次的用户体验反馈和无数次的升级，已基本满足不同煤矿实际生产需求。

1）断面图及相关表格完全按照国家采矿制图标准设置。对于管理水平及专业技术水平不一的煤矿而言，系统的使用和推广将提高他们的管理水平和技术水准。

2）系统的结构设计和参数输入充分体现了智能性和操作便捷性，实现了最少的输入、最简单的操作完成最大的工作量，同时保证了图表内容完整性和较高的质量。

（4）内容丰富的"专家级"巷道支护知识库。

方案决策知识库丰富，其主要来源于两个方面：

1）借鉴中国矿业大学（北京）相关专家、科研工作者多年来的经验型知识，这些专家经验性知识已经过大量的不同矿区的工程实例进行了验证，达到了方案的实用、专业、智能。

2）调研不同矿区的典型案例知识，由于不同的矿区其生产条件和技术条件具有差异，因此，任何系统的使用范围和最终推理方案都不可能"一刀切"，而是在保证支护安全和设计原则的基础上根据不同巷道和矿区特点进行改进使用，这样才能最大程度发挥系统的实用性和有效性。

（5）人性化和灵活的原始参数输入和选择机制。

课题组大范围调研了同类系统在煤矿使用中存在的主要问题，对于支护系统的开发方案和设计进行了不断完善和改进。充分考虑不同生产条件和特殊情况下系统的使用，在系统的原始参数输入中，在保证参数原则性的限定范围基础上尽可能放开限制，让用户根据实际巷道情况和工程具体情况对参数进行调整输入。采用了"系统建议"和"用户自主选择"的原始参数输入机制，大大提高了系统的实用性，反映了系统的人性化。

（6）完善的使用说明和帮助系统。

为了让用户更好地了解系统，快速掌握使用方法，准确获得推理方案和结果，系统还设计了完善的帮助子系统。在系统的联机帮助中，使用说明书设计新颖，内容丰富，包括了系统的功能概述、使用流程、操作指南、生产图表的各因素的含义和所有用到的知识原理、应用实例说明等。提供全面的、内容丰富的使用帮助系统，旨在让用户能快捷、方便、正确地使用系统，达到预期要求。

3 煤矿巷道支护设计方法

掘进和回采是煤矿生产的两个关键环节，科学合理的巷道支护是矿井实现高产高效的必要条件。近年来，我国煤矿开采技术与机械化装备水平显著提高，不断刷新煤炭产量的全国纪录，而与先进综采技术形成强烈反差的是比较落后的煤巷掘进与支护技术。国内外实践经验表明，支护设计是巷道掘进中的一项关键技术，对充分发挥支护的优越性和保证巷道安全具有十分重要的意义。如果支护形式和参数选择不合理，就会造成两个极端：一是支护强度太高，不仅浪费支护材料，而且影响掘进速度；二是支护强度不够，不能有效控制围岩变形，导致出现冒顶和片帮事故。

目前，国内外巷道支护设计方法主要有理论分析计算法、工程类比法、数值模拟法、动态信息设计法、计算机辅助设计法等。理论分析计算法是支护设计的理论基础，包括悬吊理论、组合梁理论、组合拱理论、最大水平应力理论、围岩松动圈理论、联合支护等。工程类比法是根据已有的巷道工程，通过相似条件比较提出新的工程支护设计。数值模拟方法与其他设计方法相比具有多方面的优点，可以模拟复杂围岩条件、边界条件和各种断面形状巷道的应力场和位移场，可快速进行多方案比较，分析各因素对巷道支护效果的影响，模拟结果直观、形象，便于处理与分析等。虽然数值模拟很难合理地确定计算所需要的一些参数，模型很难全面反映井下巷道的情况，计算结果会和实际情况相差很大，但是，数值模拟法作为一种有前途的设计方法，经过不断的改进和发展，会逐步接近于实际应用。计算机辅助设计是随着计算机技术的发展而兴起的一种方法，随着人工智能和最新的计算机开发技术的进步，该方法在煤矿巷道设计中起到的作用越来越显著，对数字矿山和煤矿信息化建设与发展将起着重要的推动作用。

3.1 煤矿巷道支护理论分析法

理论分析法是利用已有的巷道支护理论通过数学计算分析得到支护参数，由于部分理论成立的前提是以某种理想化的条件或假设为前提，因而有一定的局限性。下面针对一些主要理论方法进行介绍。

3.1.1 悬吊理论分析

悬吊理论认为，锚杆的作用是将下部不稳定岩层悬吊在上部稳定岩层中，阻止软弱岩层冒落。巷道开挖以后，两帮与顶底板都不同程度地出现一定范围的破坏区，锚杆支护的作用就在于保持破坏范围内岩层的稳定性。一般情况下，悬吊理论只适用于巷道顶板，不适用于巷道帮部和底部。

3.1.2　组合梁理论分析

组合梁分析法的原理是基于锚杆群的锚固力，使巷道周边一定范围内的多层岩层压紧、联系而成组合梁。在多层薄层状岩层组成的平顶巷道围岩中，可以应用组合梁原理来分析计算锚杆参数。该理论只适用于层状顶板锚杆支护设计，同样不适用于巷道的帮部和底部。

3.1.3　组合拱理论分析

组合拱的基本原理是依靠喷射混凝土和锚杆的作用，将松散破碎岩体挤压锚固成整体，从而把属于荷载的不稳定岩体转化为稳定的承载结构。简言之，就是在拱形巷道围岩的破裂区安装预应力锚杆时，在杆体两端将会形成圆锥形分布的压应力。

组合拱理论在一定程度上揭示了锚杆支护的作用机理，但在分析过程中没有深入考虑围岩 – 支护的相互作用，只是将各支护结构的最大支护力简单相加，从而得到复合支护结构的最大支护力，缺乏对被加固岩体本身力学行为的进一步分析探讨，计算也与实际情况存在一定的差距，一般不能用于准确的定量设计，但可以结合工程类比法作为锚杆加固设计和施工的重要参考。

3.1.4　最大水平应力理论

大量的地应力测量结果表明，岩层中的水平应力在很多情况下大于垂直应力，而且水平应力具有明显的方向性，最大水平主应力明显高于最小水平主应力。澳大利亚学者 W. J. Gale 在 20 世纪 90 年代提出该理论，他通过现场观测与数值模拟分析，得出水平应力对巷道围岩变形与稳定的作用。其认为巷道顶底板变形与稳定性主要受水平应力的影响：当巷道轴线与最大水平主应力平行时，巷道受水平应力影响最小，有利于顶底板稳定；当巷道轴线与最大水平主应力垂直时，巷道受水平应力影响最大，顶底板稳定性最差；当两者呈现一定夹角时，巷道一侧会出现水平应力集中，顶底板的变形和破坏会偏向巷道的某一帮。在最大水平应力作用下，顶底板岩层会发生剪切破坏，出现松动与错动，导致岩层膨胀、变形。锚杆的作用是抑制岩层沿锚杆轴向的膨胀和垂直于轴向的剪切错动。

3.1.5　围岩松动圈支护理论

董方庭等在大量现场与试验研究工作的基础上，提出围岩松动圈支护理论。

该理论认为，巷道开掘后，当围岩应力超过围岩强度时将在围岩中产生新的裂纹，其分布区域类似圆形或是椭圆形，称为围岩松动圈。围岩一旦产生松动圈，围岩的最大变形荷载就是松动圈产生过程的碎胀变形时的荷载。围岩破裂过程中的岩石碎胀变形是支护对象。

围岩松动圈的厚度主要是围岩强度与围岩应力的函数，是一个综合指标。围岩松动圈越大，碎胀变形越大，围岩变形量越大，巷道支护也越困难。表 3-1 列出巷道围岩松动圈分类及锚喷支护建议。

表 3-1　巷道围岩松动圈分类及锚喷支护建议

围岩类别	围岩稳定性	松动圈范围/cm	支护机理及方法	备　注
I	稳定	0~40	喷射混凝土	围岩整体性好，不易风化的可不支护
II	较稳定	40~100	锚杆悬吊理论 锚杆局部喷层	
III	中等稳定	100~150	锚杆悬吊理论 锚杆局部喷层	刚性支护局部破坏
IV	较不稳定	150~200	锚杆组合拱理论 锚杆喷层局部挂网	刚性支护大面积破坏
V	不稳定	200~300	锚杆组合拱理论 锚杆喷层局部挂网	围岩变形有稳定期
VI	极不稳定	>300	二次支护理论	围岩变形在一般支护条件下无稳定期

3.1.6　联合支护理论

该理论认为，只追求提高支护刚度难以有效控制围岩变形，要先柔后刚，先让后抗，柔让适度，稳定支护。联合支护技术在支护困难巷道中得到比较广泛的应用，随着煤矿开采深度的增加，对支护技术提出更高的要求，该理论受到了挑战，有些巷道采用联合支护效果不佳，需要多次维修和翻修，围岩变形一直不能稳定，需要寻求更合理的支护理论。

3.1.7　锚杆支护的扩容-稳定理论

该理论实质是锚杆支护的主要作用在于控制锚固区围岩的离层、滑动、裂隙张开等扩容变形与破坏，在锚固区内形成次生承载层，最大限度地保持锚固区围岩的完整性，避免围岩有害变形的出现，提高锚固区围岩的整体强度和稳定性。为此，应采用高强度、高刚度锚杆组合支护系统。高强度要求锚杆具有较大的破断力，高刚度要求锚杆具有较大的预紧力并实施加长或全长锚固，组合支护要求采用强度和刚度大的组合构件。锚杆支护应该尽量一次支护就能有效控制围岩变形与破坏，避免二次支护和巷道维修。

3.2 煤矿巷道支护数值模拟分析法

支护初始设计通过数值模拟计算并结合其他方法来确定。通过数值模拟计算，可分析巷道围岩位移、应力情况及破坏范围分布，支护体受力状况，不同因素对巷道围岩变形与破坏的影响，不同支护参数对支护效果的影响；通过方案比较，可确定比较合理的支护参数。

3.2.1 数值模拟分析计算方法

在最近十几年，数值模拟在煤矿巷道支护设计中得到广泛的应用。相比其他方法，数值模拟法依靠计算机技术，利用数值模拟对巷道支护进行模拟计算分析，从而达到对支护情况进行定性观察的效果。该方法具有以下优点：其一，可以快速模拟各种不同的应力边界条件；其二，支护参数改动方便，可以反映不同的支护参数对支护效果的影响，并选取其中支护效果较好的参数应用于巷道支护设计中；其三，基于可视化界面，结果体现简单清晰。随着计算机技术的发展，有限元、离散元及有限差分等数值方法已广泛应用于煤矿巷道支护设计。它们在解决非圆形、非均质、复杂边界条件的煤矿巷道支护设计方面显示出较大的优越性，而且可以同时进行众多方案的比较，从中选出合理方案。国内煤炭科技工作者对这些方法进行研究并取得了较好的效果。

蔡永昌等利用有限元计算，利用推导的公式可以排除预留锚杆位置的影响，有效地精简了使用有限元法进行模拟时的计算过程。

伍永平，杨永刚等采用有限元软件 ANSYS 对某巷道锚杆的支护参数进行研究，经过数值模拟分析与支护效果验证，结果表明，试验段巷道的支护效果满足巷道施工掘进的要求，可以较好地符合于实际巷道支护。

葛勇勇等采用基于连续介质的离散元程序进行数值模拟，利用综合解析计算、工程类比法等，对煤矿巷道支护方案进行了优化。

张拥军等通过收集潞安矿区典型巷道的支护资料并使用有限差分软件 FLAC[3D] 对巷道围岩支护前后的位移和应力变化进行模拟。结果显示，巷道实际位移情况与数值模拟结果基本一致，从而为锚杆支护参数的确定提供可靠的理论参考。

这些数值模拟方法在煤矿中的运用，为煤矿的安全、稳定运行提供了有力的保障。尽管数值模拟法在实际应用中还存在很多问题，但是，数值模拟法作为岩土工程界一种有效的设计方法，经过不断的改进和完善，会在煤矿巷道支护设计中发挥更大的作用。

3.2.2　数值模拟分析计算步骤

采用数值模拟方法进行锚杆支护设计一般按以下步骤进行：

（1）确定巷道的位置与布置方向。巷道位置与布置方向一般根据矿体条件、区段划分、采场布置等因素确定。如果能考虑地应力对巷道稳定性的影响，将十分有利于巷道维护。一方面，尽量将巷道布置在比较稳定的岩体和应力降低区；另一方面，应将巷道布置在受力状态有利的方向。例如，当巷道轴线与最大水平主应力平行，巷道受水平应力影响最小，有利于围岩稳定；当巷道轴线与最大水平主应力方向垂直，巷道受水平应力的影响最大，围岩的稳定性最差。

（2）确定巷道断面形状与尺寸。根据运输设备尺寸、通风、行人要求和巷道变形预留量，设计合理的巷道断面形状与尺寸。

（3）建立数值模型。根据巷道地质与生产条件，确定模型模拟范围、模型网格及边界条件，选择合理的模拟围岩和支护的力学模型。

（4）确定模拟方案。根据模拟对象确定模拟方案。

（5）模拟结果分析。分析巷道围岩变形与破坏特征，地应力大小与方向、矿柱尺寸等对围岩稳定性的影响，锚杆与锚索支护密度、直径、长度和强度等参数对支护效果的影响，通过多方案的比较，最后选择有效、经济、便于施工的支护方案。

3.2.3　动态信息设计法

煤矿巷道工程环境复杂，在某些地质及生产条件下，需要采用多种方法联合实施才能达到良好的支护效果。动态信息设计法就是基于地质调查和地质力学测试，采用工程类比、数值模拟进行煤矿巷道支护初始方案设计；将初始方案在实际巷道支护工程中实施，同时开展巷道综合监测。对巷道围岩变形、位移，锚杆（索）受力分布和大小进行全方位实时监测，以获得支护体和围岩的位移和应力数据信息，来验证煤矿巷道支护初始设计参数的合理性和可靠性，巷道围岩的稳定性和安全性。基于监测数据信息，可以对围岩初始支护参数进行评价，并根据评价结果对初始设计参数进行修改和完善，以使其逐步趋于科学合理，满足工程实际需要。

3.3　工程类比分析方法

工程类比法是应用非常广泛的方法，它是根据已经支护的类似工程的经验，通过工程类比，提出巷道支护参数，通常可以划分为直接类比法和间接类比法。直接类比法是根据已开掘巷道的地质条件与待开掘的进行比较，在条件基本相同的情况下，参照已开掘巷道，凭借工程师的经验和对工程的判断选定待开掘巷道的锚杆支护类型和参数。间接类比法是根据现行锚杆支护规范，按照围岩分类和锚喷支护设计参数表确定待开掘工程的支护类型和参数，将已开掘的、成功应用锚杆支护巷道的地质与生产条件与待开掘的巷道进行比较，在各种条件基本相同的情况下，参照已开掘巷道的支护形式与参数，由设计人员根据自己的经验提出待掘巷道的支护设计。

直接工程类比法使用的基础是两条巷道的条件基本类似，不能有较大的差异（实际上没有完全相同条件的两条巷道，甚至一条巷道在不同地段也存在着差异）。进行工程类比时，要求比较的内容全面、细致、可靠，不仅要抓住关键因素，而且不能忽略细节。在全面、详细比较的基础上，根据已掘巷道的支护设计，进行适当调整，确定待掘巷道的支护形式与参数。直接类比的内容主要有以下几方面：

（1）围岩物理力学性质，包括巷道顶底板、煤层赋存状态、物理力学参数。

（2）围岩结构特征，包括煤岩体内节理、层理、裂隙等不连续面的空间分布特征及力学参数。

（3）地质构造影响，包括断层、褶曲、陷落柱等，大型地质构造对煤岩体的强度、结构、应力状态及煤岩体的完整性和稳定性都有明显的影响，对巷道支护形式与参数的选取起着关键性作用。

（4）地应力，其与围岩强度、围岩结构一样是影响巷道变形与破坏的关键因素。

（5）巷道特征和使用条件。

（6）采动影响情况。

（7）巷道施工技术。

3.4 巷道支护计算机辅助设计

随着计算机技术和人工智能技术的快速发展，煤巷支护计算机辅助设计系统也取得了较大的进展，为信息技术在煤矿行业中的应用起到了较大的推动作用，为巷道支护设计领域开辟了新的途径。基于目前我国煤巷支护辅助设计系统开发和使用现状，基本分为计算机辅助绘图和计算机辅助设计两个方向。

3.4.1 计算机辅助绘图

基于 AutoCAD 或者自己开发的绘图平台，开发能够实现煤巷施工矿图特点和要求的绘图系统。这种辅助设计能够提高矿图绘制的效率，达到标准、准确、便捷的目的，为煤矿生产管理水平的提高和标准化起到一定的促进作用。辅助绘图没有涉及支护设计，仅仅是在已知支护方案的基础上帮助完成矿图绘制任务，是一项非完全智能性的图形绘制工具。

3.4.2 计算机智能设计

计算机智能设计系统是基于最新发展的人工智能技术和巷道支护专业理论知识，以及专家知识库、推理机和数学计算方法，实现给定原始条件下的煤巷支护方案预测和设计，部分系统还有优化巷道支护参数的功能。通过数值计算模拟巷道支护效果，能够满足不同地质及生产条件下巷道支护方案决策，提供科学、合理、准确的支护设计方案，降低支护成本，提高矿山企业的经济效益。

4 煤矿巷道围岩稳定性智能分类

4.1 巷道围岩稳定性分类国内外研究现状

基于岩体工程设计、施工和管理的需要，围岩稳定性的预测与控制一直是国内外岩土工程领域和采矿工程领域研究的热点之一，学者们对岩体的分类与控制进行了大量的研究工作，并提出了许多工程岩体分类方法和控制措施。不同的方法都有其优缺点与适用范围，要根据具体情况进行选择采用。

4.1.1 单指标分类方法

典型的单指标围岩分类方法有普氏分类法、岩芯质量指标 RQD 分类法、以岩体弹性波为基础的综合分类法等，它们未考虑地应力等影响，不能全面反映围岩稳定性。

前苏联普氏将顶板岩体以单轴抗压强度 σ_c 为基础，提出了普氏坚硬性系数 f，将围岩分为极硬（$f = 20$）、很硬（$f = 15$）、坚硬（$f = 8 \sim 10$）、较硬（$f = 5 \sim 6$）、普通（$f = 3 \sim 4$）、较软（$f = 1.5 \sim 2$）、软层（$f = 0.8 \sim 1$）以及松软、松散（$f < 1$）8 个类别。由于该方法指标单一，方法简便，能直观地反映岩石的强度特性，20 世纪 50 ~ 70 年代曾在我国矿山开采和各种地下工程中广泛应用，至今浅埋工程中仍然在应用。

美国的 Deere 等人于 1967 年提出岩芯质量指标 RQD 围岩分类法，根据钻探时的岩芯完好程度来判断岩体的质量，对岩体进行分类。该方法将长度在 10cm 以上的岩芯累计长度占钻孔总长度的百分比，称为岩石质量指标 RQD，即 $RQD = \dfrac{10\text{cm 以上岩芯累计长度}}{\text{钻孔长度}} \times 100\%$。根据岩芯质量指标大小，将岩体分为 5 类。$RQD$ 可以反映岩体节理裂隙的发育程度，对围岩物理状态的评价具有参考价值。

以弹性波为基础的围岩分类法认为，由于弹性波速度对岩体节理裂隙反应敏感，所以可用它来评价岩体的整体性。岩体完整性系数可用下式表示：

$$K_v = \left(\frac{V_p}{V_{p0}} \right)^2$$

式中　V_p——岩体声波速度，m/s；

　　　V_{p0}——岩块声波速度，m/s。

这种分类方法的实质是用岩体与岩块弹性波速度的差异来定量评价岩体强度。它充分考虑了结构面对岩体强度的影响。该分类方法的优点是既简便，又有定量数据，曾在国外获得较广泛的运用。

4.1.2 多指标分类方法

多指标围岩稳定性分类方法是为巷道支护设计服务的。多指标分类方法除考虑岩体强度及结构面特征之外，有些还考虑了原岩应力的影响。多指标分类方法有岩体质量系数 Q 分类法、岩体权值（RMR）系统围岩分类法、围岩稳定性指数分类法、岩体质量 Z – 分类、锚喷支护围岩分类法、工程岩体分级标准围岩分类法和煤矿巷道松散岩层围岩分类法、极限平衡区分类法等。

（1）岩体质量系数 Q 分类法。Barton 全面考虑了影响地下工程围岩稳定的因素，提出用一个综合指标 Q 来反映各因素的综合作用，并根据观测资料建立分类表。Q 的表达式为：

$$Q = \frac{RQD}{J_n} \cdot \frac{J_r}{J_a} \cdot \frac{J_w}{SRE}$$

式中　　RQD——岩芯质量指标；

J_n——节理组数；

J_r——节理粗糙度系数；

J_a——节理蚀变程度系数；

J_w——裂隙水影响系数；

SRE——原岩应力影响系数。

这种分类方法涉及的资料多数基于地质调查，考虑了应力场状况，使其分类科学性提高了一步。但由于分类涉及因素指标的确定具有较大的随意性，因而这种方法在实际应用中受到了限制。

（2）岩体权值（RMR）系统围岩分类法。又称地质力学分类法，由 Bieniawski 于 1973 年提出。该分类系统用下列 6 个参数对岩体进行分级：岩石材料单轴抗压强度、岩石质量指标（RQD）、不连续面间距、不连续面条件、地下水条件、不连续面方向。由于不同参数对于岩体分类具有不均等的重要性，重要性权值被分配到不同的数值范围中，权值越高说明岩体条件越好。将前 5 个参数的权值加起来就是岩体的基本 RMR 值，然后根据不连续面方向调整基本 RMR 值，最后根据权值总数将岩体划分为 5 个等级。RMR 分类系统为隧道工程提供了岩体加固选择指标，但 RMR 分类没有考虑地应力的影响。

（3）围岩稳定性指数分类法。围岩稳定性指数为自重应力与岩石单向抗压强度之比，其表达式为：

$$S = \frac{\gamma H}{R_c}$$

式中 S——围岩稳定性指数；

　　γH——自重应力；

　　R_c——岩石单向抗压强度。

$S < 0.25$ 时为稳定围岩；$S = 0.25 \sim 0.40$ 时为中等稳定围岩；$S = 0.40 \sim 0.65$ 时为不稳定围岩。

围岩稳定性指数分类法考虑了自重应力和岩石强度对围岩稳定性的影响，在构造应力较小和岩体节理裂隙不发育的条件下能较好地判断围岩稳定性，但对于构造应力显著、节理发育的地层并不适用。

（4）岩体质量 Z – 分类。谷德振等认为岩体质量主要受控于岩块强度 R_c、结构面抗剪强度 f 和岩体完整性 I，据此提出了岩体质量 Z – 分类，将岩体质量分为 5 级。此分类中并未考虑具体工程类型的影响，它所反映的也主要是岩体的基本质量，而且各参评因素的影响权值是不同的，其重要性为 $f > I > S$，其中 $S = R_c/100$ 为岩块的坚强系数。

（5）锚喷支护围岩分类法。锚喷支护围岩分类法综合考虑了岩石的单向抗压强度 R_c、岩体结构和结构面发育状况、岩体波速、岩体完整性系数 K_v、围岩自稳时间以及地应力状况等多种因素，是一种典型的多指标分类方法。地应力因素由岩体强度与应力之比 S_m 反映：

$$S_m = \frac{K_v R_c}{\sigma_1}$$

式中　σ_1——垂直巷道轴线平面上较大的主应力，无实测地应力数值时，以自重　　　　应力替代。

这种分类方法综合考虑了影响围岩稳定性的多种因素，是较全面的分类方法，比较适应当前的技术状况，应用较为广泛。但构造应力的显著程度将影响这种分类的准确性。

（6）工程岩体分级标准围岩分类法。我国工程岩体分级标准（GB 50218—94）采用定性与定量相结合的方法，并分两步进行，即先确定岩体基本质量，再结合具体工程的特点确定岩体级别。《工程岩体分级标准》规定：岩体基本质量应按岩石坚硬程度和岩体完整程度确定，并以它们作为岩体基本质量的分级因素。岩石坚硬程度的定量指标采用岩石单轴抗压强度 σ_c、岩体完整性程度的定量指标为 $K_v\left(K_v = \left(\dfrac{V_p}{V_{p0}}\right)^2\right)$。岩体基本质量指标 BQ 应根据分级因素的定量指标进行计算，即 $BQ = 90 + 3\sigma_c + 250K_v$。

（7）煤矿巷道松散岩层围岩分类法。这种分类方法主要针对我国煤矿松软岩层，采用前期和后期两种指标确定围岩的类别。在煤田矿井建设之前，可用前期指标对围岩进行初始分类，作为设计依据。在矿井建设过程中，再根据实测的数据（后期指标）对初始分类进行调整。该分类法根据围岩的类别还给出了建议的支护形式和相应的施工措施，但也存在着多指标分类的问题。

（8）极限平衡区分类法。它是以极限平衡区深入巷道围岩的深度为主要指标，以巷道周边位移为辅助指标进行巷道围岩分类的一种方法。极限平衡区深入巷道围岩的深度和巷道周边位移都是影响巷道围岩稳定性各种因素的综合反映，用主要指标划分围岩类别，进行锚杆支护设计；用辅助指标和实测结果的差异反馈初始设计中可能存在的问题，并以此为依据，修改初始设计。

4.1.3　多因素综合单一指标分类方法

多因素综合单一指标分类方法主要包括巷道围岩移近量分类法、围岩稳定性指数分类法、松动圈围岩分类法和巷道变形量分类法等。

联邦德国埃森采矿中心的研究人员通过结合现场矿山压力观测、室内模拟实验和数学力学计算的"岩层控制系统"研究后，提出了根据巷道围岩的移近量来确定围岩稳定性类别的方法。他们认为，最能反映巷道围岩稳定性的综合指标是巷道围岩移近量，而影响巷道围岩移近量的主要因素是巷道埋深、巷道底板岩层强度指数、回采煤层厚度、巷旁充填指数和回采边界影响，并根据60条巷道的实测数据建立了前进式开采超前掘巷条件下的移近率 k_0 的回归公式。

波兰煤矿采用围岩稳定性指数 S_g 进行分类，并以此为依据来进行巷道支护方式和支护参数的选择。他们认为围岩有效强度 R_e、巷道埋深 H、围岩应力集中系数 K、巷道围岩的暴露系数 a 和围岩的破坏系数 b 为影响围岩稳定性的主要因素。波兰学者通过理论分析，根据围岩有效强度与围岩实际应力的比值计算出围岩稳定性指数为：

$$S_g = \frac{R_e}{\gamma H K c_1 c_2}$$

式中　S_g——围岩稳定性系数；

　　　γH——巷道上覆围岩的重量，MPa；

　　　R_e——围岩有效强度，MPa；

　　　K——应力集中系数；

　　c_1，c_2——巷道围岩的暴露系数与破坏系数。

前苏联的采矿学者较为重视巷道的围岩移近量建立了预测围岩移近量的公式，所考虑的影响因素主要有：煤层倾角、巷道底板的抗压强度、直接顶的单轴抗压强度、巷道埋深平巷上部煤柱宽度、直接顶厚度与采高的比值、回采工作面的推进速度。在对巷道围岩的移近量进行预测后，就可以确定各种护巷方法的适应范围，从而选择合理的断面形状、支架形式及可缩量的大小。前苏联札斯拉夫斯基等人对顿巴斯矿区深度为 600~1200m 矿井中的 56 个位移测站实测资料进行回归分析，得到巷道周边位移 u 与掘进半径 R_0 之比 u/R_0，与原岩垂直应力 γH 和岩石单轴抗压强度 σ_c 之比 $\gamma H/\sigma_c$ 呈双直线关系。当 $\gamma H/\sigma_c < 0.25~0.30$ 时，位移量微小（$u < 50~80mm$），巷道稳定；当 $\gamma H/\sigma_c = 0.25~0.40$ 时，$u < 200mm$，巷道中等稳定，底板不需专门支护；当 $\gamma H/\sigma_c > 0.40~0.45$ 时 $u > 200mm$，巷道呈不稳定状态（需全封闭支护）。

中国矿业大学董方庭等认为围岩强度、围岩应力及两者之间的作用关系是确定巷道围岩稳定性的基本因素，而围岩松动圈是反映围岩应力和岩体强度相互作用结果的一个综合性指标，且容易通过实测获取。根据测得的围岩松动圈的范围，进行巷道围岩稳定性评价，将巷道围岩分成六类，并分别选择相应的支护形式。

另外，陆士良等根据巷道变形量的大小和巷道支护的难易程度将煤巷分为了四类，分别给予不同的支护设计。

4.1.4 现代数学及人工智能分类方法

近年来，人们对岩体属性和破坏变形机制的认识不断深化。随着多变量数理统计分析的广泛应用和模糊数学、灰色系统理论、人工神经网络理论的迅速发展，分类科学提高到了新的水平。

人工智能技术应用于岩石力学始于 20 世纪 80 年代，国内外岩石力学领域专家和学者对此做了许多工作，1984 年美国麻省理工学院 W. S. Dershowitz 与 H. H. Eeistein 发表了题为《人工智能在岩石力学中的应用》的论文。

1988 年，在观测资料的基础上，我国学者制定出缓倾斜、倾斜煤层煤巷围岩稳定性分类方案。该方案采用模糊聚类分析方法，选择巷道顶板强度、煤层强度、底板强度、巷道埋深、岩体完整性指数、反映开采影响的直接顶厚度与采高的比值以及护巷煤柱宽度 7 个影响因素作为分类指标，将煤巷分为非常稳定、稳定、中等稳定、不稳定、极不稳定 5 个类别。再依据 7 个指标的数值，按照 5 个类别的聚类中心，用模糊综合评判的方法来预测煤巷围岩稳定性类别。

根据该方案，徐州、淮南、枣庄、阜新、铁法、双鸭山、新汶等局矿都开展了煤巷围岩稳定性的研究工作，以全国分类为标准，结合矿区的具体情况，提出了本矿区的分类方案。根据该方案还提出了单一煤层及厚煤层–分层受一次采动影响的 5 类煤巷推荐采用的支护措施。我国煤炭系统制定了《煤巷锚杆支护技术规范（送审稿）》，总结出根据围岩分类方法提出的巷道顶板锚杆支护形式与支护参数选择。5 种类别的标准样本及聚类中心，如表 4 - 1 所示。

表4-1　各指标聚类中心

类　别	$\sigma_顶$	$\sigma_煤$	$\sigma_底$	N	H	X	L
1	0.1035	0.2073	0.1296	0.025	266.3	0	24.3
2	0.1491	0.2335	0.1728	2.355	297.5	0	14.9
3	0.1820	0.2821	0.2869	3.100	412.1	0	10.3
4	0.1384	0.2430	0.1834	2.656	340.8	0.799	11.9
5	0.1726	0.2978	0.2900	3.190	365.5	0.826	9.7

自1995年开始，山东科技大学矿压研究所从采准巷道围岩结构稳定性分析出发，以结构稳定性进行巷道亚分类，把巷道看作是由顶板、底板、煤柱侧帮和工作面侧煤体所组成的复合结构体，通过研究各结构亚分类指标来反映巷道的整体稳定性。根据样本实测资料，用多元线性回归分析法确定指标权值，编制了采准巷道支护设计支持系统（HHDK2.0）进行推广和应用，并在大屯矿区得到初步的应用和验证。

陶振宇和彭祖赠建立了岩体质量模糊分类方法。之后，王彦武、原国红等对这一方法进行完善，较好地反映了岩体质量影响因素的模糊性。许传华、任青文认为围岩稳定性受多种不确定性因素的影响，不仅具有随机性，也具有模糊性。选择影响围岩稳定性的一些主要因素，采用模糊数学综合评判方法，对围岩稳定用模糊语言进行不同程度的评价，得出了合理的结果。李洪、蒋金泉、张开智认为影响煤巷围岩稳定性的因素众多，各影响因素对围岩稳定性的影响程度也不一样，而煤巷的分类标准及分类指标的确定却具有一定的模糊性。因此，采用模糊聚类分析的方法，建立模糊聚类分析模型，对我国煤巷进行分类，这将更加符合实际情况。莫元彬、张清将专家的经验分类标准与需要评判的围岩，用模糊数学中择近原则的方法进行模糊模式判别。对专家评判中的有关因素采用因素关系图描述，将被评判的围岩视为论域上的一个模糊子集，把推理过程抽象为多维论域上确定隶属度的过程，进而提出用连续隶属函数进行围岩类别的模糊推理。最后，以隶属度的形式给出评判的分类结果，并将这一方法成功应用于铁路围岩分类专家系统中。

傅鹤林、范臻辉、刘宝琛应用神经网络的联想记忆功能，以隧道围岩5个类别作为训练标本，建立隧道围岩与分类指标之间对应关系的BP判定模型，为隧道围岩分类提供了一条新途径。霍润科、刘汉东提出了以神经网络进行围岩稳定性分类的方法，根据收集到的围岩分类资料来训练和检验神经网络模型。谭云亮、王泳嘉通过对两种学习算法的比较与分析，选择并建立无监督学习的神经网络聚类分析模型，对煤巷分类的指标进行了聚类分析。冯夏庭、马平波运用知识发现技术中的数据挖掘环节，对大量的工程实例数据进行知识发现，找出蕴含于工程实例数据中的内在关系，进而利用这些关系对类似条件下的围岩稳定性做出合理的判断。

但是，这些方法仍然存在两个方面缺陷：一是在采用误差导数指导学习的过程中，属于局部寻优算法，容易陷入局部极小点；二是学习速度过快容易产生震荡，导致结果不精确。而巷道围岩稳定性是一个复杂的问题，受多种因素的影响，且各因素对围岩稳定性的影响具有相当程度的随机性和模糊性，使得巷道围岩稳定性类别之间的界限往往不是很清晰。因此，巷道围岩稳定性的类别是一个模糊的概念。但是对于处理具有众多影响因素且模糊性较强的巷道围岩稳定性分类课题时，选择模糊聚类分析法是相当有效的。

4.2 巷道围岩稳定性分类指标的选定

4.2.1 围岩稳定性分类指标体系的选择

在进行多因素聚类分析时，首先要确定指标的选择。指标选择的好坏对分类结果常有举足轻重的作用。指标是指根据研究的对象和目的，能够确切地反应研究对象某一方面情况的特征依据，包括数量特征和质量特征。指标体系是指由一系列相互联系的指标构成的体系，它能够根据研究的对象和目的，综合反映出对象各个方面的情况。选取分类指标还要尽量保证分类指标是影响巷道围岩稳定性的主要因素，能定量表示，在煤矿现场能容易测取，便于现场使用和分类方案的推广。

指标的选择一般遵循以下几个原则：（1）宜少不宜多，宜简不宜繁；（2）有代表性，且指标之间应具有明显的差异性，每个指标能反映对象的某一方面的特征，并且要有一定的普遍适应性；（3）可行，符合客观实际水平，高不可攀的指标或难以达到的指标，都会失去评估意义；（4）具体指标的选定还要考虑研究的对象和目的，使指标具有可测性；（5）具有独立性，同一层次的各指标能各自说明被评客体的某一方面，指标间应尽量不要相互重叠，相互间不存在因果关系；（6）选定的指标体系应能综合反映对象各方面的特性或特征。

下面结合对煤巷围岩稳定性因素的分析，根据上述原则确定煤巷围岩稳定性分类的指标体系。

4.2.2 围岩稳定性分类指标的确定及取值方法

通过对巷道围岩稳定性影响因素和巷道基本情况的深入分析，结合巷道围岩稳定性分类指标的提取原则，深入研究国内外相关研究成果，认真听取相关专家多年来的宝贵经验，系统选取了以下 9 个指标对煤巷围岩稳定性进行分类：顶板围岩强度 σ_t、两帮围岩强度 σ_c、底板围岩强度 σ_b、巷道埋深 H、直接顶初次垮落步距 D、本区段采动影响 N、相邻区段残余采动影响 X、最大水平主应力 σ_h、最大水平主应力方向与巷道轴向夹角 θ。它们既反映了主要的工程地质因素影响，也反映了主要的生产技术因素影响，综合体现了煤巷和岩巷围岩活动规律的特点。

4.2.2.1　围岩强度（σ_t、σ_c 和 σ_b）

围岩强度是指围岩的单向抗压强度，单位为 MPa。顶板强度取两倍巷道宽度的顶板范围内各岩层强度的加权平均值，底板强度取巷道宽度的底板范围内各岩层强度的加权平均值。分层开采时上分层巷道的底板强度就是煤层强度。

4.2.2.2　原岩应力（σ_h、θ 和 H）

表征原岩应力对巷道围岩稳定性影响的 3 个指标是最大水平主应力 σ_h、最大水平主应力方向与巷道轴向的夹角 θ 以及巷道埋深 H。设实测的原岩应力数据为 σ_1、σ_2、σ_3，且每个主应力对应的方位角与倾角分别为 A_1、A_2、A_3 和 B_1、B_2、B_3，则最大水平主应力 σ_h 可以表示为：

$$\sigma_h = \sum_{i=1}^{3} \sigma_i \cos^2 B_i \cos^2(\beta - A_i) \qquad (4-1)$$

其中

$$\beta = \frac{1}{2}\arctan\left[\frac{\sum_{i=1}^{3} \sigma_i \cos^2 B_i \sin(2A_i)}{\sum_{i=1}^{3} \sigma_i \cos^2 B_i \cos(2A_i)}\right] \qquad (4-2)$$

式中　β——最大水平主应力的方位角。

设巷道轴向的方位角为 φ，则最大水平主应力方向与巷道轴向夹角 θ 可以表示为：

$$\theta = |\beta - \varphi| \qquad (4-3)$$

当 $\theta > 90°$ 时，将其转化为锐角，单位取（°）。

对于巷道埋深 H，取巷道所在位置至地表的垂直距离，单位为 m。

4.2.2.3　岩体完整性（D）

根据前面的分析，岩体完整性可以用巷道邻近工作面的直接顶初次垮落步距 L 来反映，单位为 m。测量直接顶初次垮落步距时要求直接顶的冒落高度大于

$1.0 \sim 1.5 m$，冒落长度大于工作面全长的 $1/2$，；如果工作面长度不足 $80m$ 时，用等效步距代替，即：

$$L = \frac{l_1 l_2}{l_1 + l_2} \tag{4-4}$$

式中 l_1——工作面长度，m；

l_2——实际的直接顶垮落步距，m。

对于未开采煤层和新建矿井，L 值可以根据巷道顶板岩体的岩性与强度特征来近似取值，如表 4-2 所示。

表 4-2 直接顶初次跨落步距参考数据

顶板岩体的岩性及强度特征	L 值/m
泥岩及低强度的粉砂岩	$<8 \sim 10$
一般的砂质泥岩	$12 \sim 15$
层理不发育的厚层砂泥岩或薄层砂岩	$15 \sim 20$
厚度为 $4 \sim 5m$ 的细粒砂岩	$25 \sim 30$
厚度大于 $8 \sim 10m$ 的砂岩	$50 \sim 60$
高强度砂岩	$60 \sim 70$

4.2.2.4 本区段采动影响（N）

本区段采动影响以直接顶厚度与采高的比值 N 来表示，其中直接顶厚度可以从地质柱状图中量取，但应注意根据具体条件分析直接顶的范围。直接顶是直接位于煤层或伪顶之上，强度小于 $60 \sim 80 MPa$，一般随回采而冒落的岩层。N 值无量纲。

当 $N > 4$ 时，可以忽略工作面回采的影响，取 $N = 4$。

4.2.2.5 相邻区段残余采动影响（X）

相邻区段的残余采动影响可以由护巷煤柱宽度 X 来反映，单位为 m。护巷煤柱宽度是指巷道一侧的实际煤柱宽度；当巷道两侧为实体煤时取 $X = 100m$；当无煤柱护巷时取 $X = 0$。

为了能够对煤巷围岩稳定性进行科学、准确的分类，基于系统特点和分类要求，制定了针对性强、可操作性好的煤巷基本地质和生产情况调查表（深入煤矿一线邀请现场技术员填写相关调查表，收集生产一线实际资料），调查表如表 4-3 所示。

表4-3　煤巷基本地质和生产情况调查表

地质及开采条件			巷道及支护情况			
煤层	厚度		巷道	埋深		
	倾角			毛宽		
	完整性	完整/一般/破碎		毛高		
	硬度	坚硬/一般/软		方位角		
	煤层编号			断面形状		
				底鼓	无/小/中/大	
	采高			顶板离层	无/小/中/大	
老顶	岩性			两帮移进量	无/小/中/大	
	厚度			服务年限		
直接顶	岩性			服务期内翻修次数		
	厚度			护巷煤柱宽度		
	完整性	完整/一般/破碎		巷道外侧	采空区/未采区	
	直接顶初次垮落步距		支护	支护形式		
				位置	顶板	帮部
直接底	岩性			锚杆规格（型号、直径、长度）		
	厚度					
	完整性	完整/一般/破碎				
老底	岩性			锚杆间距		
	厚度			锚杆排距		
巷道附近地质构造影响		无/轻微/较严重/严重/很严重		锚索规格		
围岩类别				锚索布置方式		
有无作业规程（含图）				支护效果	好/较好/一般/较差/差	

　　通过收集、分析表4-3中所体现的数据可以快速、全面地掌握不同矿区煤巷基本地质和生产情况。对于收集、分析后的数据，通过层次分析法、模糊聚类分析法进行处理，可得到煤巷围岩稳定性分类，然后通过综合评判法便可以对煤巷进行围岩稳定性预测。由于巷道围岩稳定性分类及预测过程中需要大量的数学运算，因此本书运用C#语言编制了煤巷围岩稳定性智能分类软件来帮助分析，本章最后一节将对其做具体介绍。

4.3　巷道围岩稳定性分类指标权值的确定方法

　　通过对煤巷围岩稳定性影响因素的分析，基于煤矿地质及生产实际情况，选取了能够进行科学分类的 9 个指标，而这些指标对巷道围岩稳定性的影响必然有轻重、主次之分，为了区别对待这些指标的重要程度，有必要对每一个指标确定一个权值来表达该指标的相对重要程度。目前常用的确定权值的方法有专家估测法、频数统计分析法、层次分析法、多元线性回归分析法等。其中层次分析法采用对非定量事件做定量分析的简便方法，更能简便、科学、客观、有效地处理权值分配这类问题。

层次分析法（analytic hierarchy process，AHP）是将与决策有关的元素分解成目标、准则、方案等层次，在此基础之上进行定性和定量分析的决策方法。该方法是美国运筹学家匹兹堡大学教授萨蒂（T. L. Saaty）于 20 世纪 70 年代初，在为美国国防部研究 "根据各个工业部门对国家福利的贡献大小而进行电力分配" 课题时，应用网络系统理论和多目标综合评价方法，提出的一种层次权重决策分析方法。这种方法的特点是在对复杂的决策问题的本质、影响因素及其内在关系等进行深入分析的基础上，利用较少的定量信息使决策的思维过程数学化，从而为多目标、多准则或无结构特性的复杂决策问题提供简便的决策方法，尤其适合于对决策结果难以直接准确计量的场合。

层次分析法是将决策者对复杂系统的决策思维过程模型化、数量化的过程，其实现过程主要包括以下 5 个步骤：

（1）建立层次结构模型。首先弄清楚问题范围所包含的各因素之间的相互关系以及最终所要解决的问题。根据对这些问题的初步分析，将问题包含的各因素按照它们之间是否有某些特性聚集成组，并把它们之间的共同特征视作系统层次中的一些因素，而这些因素本身也按照另外一组特征被组合，形成另外更高层次的因素，直至最终形成一个单一的最高因素。煤巷围岩稳定性各影响因素权值层次结构图如图 4 - 1 所示。

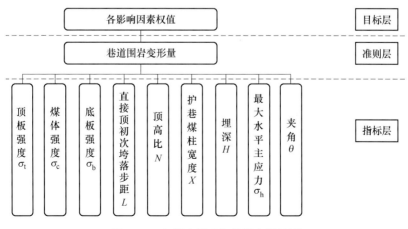

图 4 - 1　各影响因素权值层次结构图

（2）构造判断矩阵。任何系统分析都是以一定的信息为基础，层次分析的信息基础主要是人们对于每一层次中各因素之间的相对重要性给出的判断。通过引入合适的标度可以将这些判断用数值表示出来，写成判断矩阵。判断矩阵表示针对上一层次某因素，本层次与之有关因素之间相对重要性的比较。

为了在层次分析中使决策判断定量化，形成上述数值判断矩阵，一般采用 1~9 及其倒数的标度方法，如表 4–4 所示。

表 4–4　层次分析法的标度表

因素重要性	说　明	$F(x, y)$	$F(y, x)$
x 与 y 同等重要	x、y 对总目标有相同的贡献	1	1
x 比 y 稍微重要	x 的贡献稍大于 y，但不明显	3	1/3
x 比 y 明显重要	x 的贡献明显大于 y，但不十分明显	5	1/5
x 比 y 十分重要	x 的贡献十分明显大于 y，但不特别突出	7	1/7
x 比 y 及其重要	x 的贡献以压倒优势大于 y	9	1/9
x 比 y 处于上述各相邻判断之间	相邻两判断的折中	2, 4, 6, 8	1/2, 1/4, 1/6, 1/8

根据判定事物各因素之间的关系，得出判定矩阵为：

$$A = \begin{bmatrix} a_{11} & \cdots & a_{1n} \\ \vdots & & \vdots \\ a_{n1} & \cdots & a_{nn} \end{bmatrix}$$

（3）判定一致性。对于判断矩阵 A 的特征值问题，$A \cdot W = \lambda_{\max} \cdot W$ 的解 W，经归一化后即为同一层次相应因素对于上一层次某因素相对重要性排序权值。这一过程称为层次单排序。为进行判断矩阵的一致性检验，需要计算一致性指标 CI 以及随机一致性比率 CR。当 $CR < 0.1$ 时，认为层次单排序结果的一致性较为满意，否则就需要重新调整判断矩阵，使之具有满意的一致性。

$$CI = (\lambda_{\max} - n_c)/(n_c - 1) \qquad (4-5)$$

$$CR = \frac{CI}{RI} \qquad (4-6)$$

式中　$\lambda_{\max}$——判断矩阵的最大特征根；

　　　n_c——参加比较的因素数目；

　　　RI——平均随机一致性指标。

（4）层次总排序。层次总排序即为计算同一层次所有因素对于最高层（总目标）相对重要性的排序权值。这一过程是从最高层次到最低层次逐层进行的。

（5）层次总排序的一致性检验。层次总排序的一致性检验也是从最高层次到最低层次逐层进行的。层次总排序随机一致性比率为：

$$CR = \frac{\sum\limits_{j=1}^{m} a_j \cdot CI_j}{\sum\limits_{j=1}^{m} a_j \cdot RI_j} \qquad (4-7)$$

类似地，当 $CR < 0.1$ 时，则认为层次总排序结果的一致性较为满意。

4.4 模糊聚类分析方法概述

煤矿巷道围岩稳定性分类，是通过研究巷道矿山压力显现规律、巷道支架–围岩相互作用关系，采用先进的数值分类方法，用抽象、概括的分类来表示复杂的内在关系，是为解决在一定的地质和技术条件下，巷道围岩稳定性的状况、所需的支护强度、应选择的支护形式、主要支护参数及需采取的措施等一系列有关巷道支护的问题，同时也为合理选择各类巷道的支护形式及其参数提供科学依据。巷道围岩稳定性问题十分复杂，影响因素很多，且各因素对围岩稳定性的影响具有相当程度的随机性和模糊性，从而使得巷道围岩稳定性类别之间往往不具有清晰的界限，即巷道围岩稳定性的类别是一个模糊概念。

模糊聚类分析法是将模糊数学的理论、方法和聚类分析技术进行有机地结合，通过建立模糊相似关系来对客观事物进行分类，它在处理带有模糊性的聚类问题时显得更为客观、灵活。因此，对于处理具有众多影响因素、模糊性较强的煤矿巷道围岩稳定性分类课题时，选择模糊聚类分析法是相当有效的。

4.4.1 模糊聚类分析法的数学原理

模糊数学是把客观世界中的模糊性现象作为研究对象，从中寻找数量规则，然后运用精确的数学方法来处理的一门新的数学分支。它为我们研究那些复杂的难以用精确数学描述的问题，提供了一种简捷而有效的方法。

聚类分析是运用数学的方法定量地研究类的划分及各类之间的亲疏程度。一般有两种方法来描述样本间的亲疏程度：一是把每个样本看成是 m 维空间（变量的个数为 m）的一点，在 m 维坐标中，定义点与点之间的某些距离，或是把每个样本看成是 m 维空间的一个矢量，定义矢量与矢量角的夹角；二是用某种相似系数来描述。聚类分析又可分为系统聚类分析和动态聚类分析两种。系统聚类分析是把样本逐个地合并成一些子集，直至整个总体都在一个集合之内为止。动态聚类分析又称为逐步聚类分析，其基本思想是，开始选择一批凝聚点，让样本向最近的凝聚点凝聚，得到初始分类。初始分类并不一定合理，再按最近距离原则修改不合理的分类，直至分类比较合理为止，形成最终分类。

模糊聚类分析法（fuzzy clustering method）是聚类分析的一种拓广。

4.4.2　模糊聚类分析法的实现过程

模糊聚类分析法是把聚类问题用模糊数学的语言描述，其基本的实现过程大体上可以分为数据标准化、标定、聚类分析、确定最优分类数目 4 个步骤。假设 $x = \{x_1, x_2, \cdots, x_m\}$ 为待分类的全部样本，且每一个样本 x_i 都由一组 n 个指标来描述。

4.4.2.1　数据标准化

在聚类过程中，由于参与分类的各个指标及其量纲和量级可能不同，即使有些指标的度量一样，但各指标绝对值大小也不一样，若直接用原始数据进行计算就会突出那些绝对值较大的而压低绝对值较小的指标的作用。特别是在模糊聚类分析时，模糊运算要求将数据压缩在 $[0, 1]$ 之间，因此进行模糊聚类分析先要解决数据标准化问题。

将第 j 个样本的第 i 个指标 x_{ij} 变换成 x'_{ij}，即：

$$x'_{ij} = \frac{x_{ij} - \overline{x_j}}{S_j} \tag{4-8}$$

式中　$\overline{x_j}$——第 j 个指标的平均值；

S_j——第 j 个指标的标准差。

4.4.2.2　标定

设 U 是需要被分类对象的全体，建立 U 上的相似系数 R，γ_{ij} 表示 i 与 j 之间的相似程度。当 U 为有限集时，R 是一个矩阵，称为相似系数矩阵。标定是具体计算出衡量被分类对象间相似程度的相似系数 γ_{ij}，从而确定论域 U 上的模糊相似关系矩阵 R。

计算相似系数 γ_{ij} 的方法有很多，一般有以下几种：

（1）相关系数法：

$$r_{ij} = \frac{\sum_{k=1}^{n} |x_{ik} - \overline{x_i}| |x_{jk} - \overline{x_j}|}{\sqrt{\sum_{k=1}^{n} (x_{ik} - \overline{x_i})^2} \sqrt{\sum_{k=1}^{n} (x_{jk} - \overline{x_j})^2}} \tag{4-9}$$

式中　$\overline{x_i}$——第 i 个样本各个指标值经过标准化处理后的平均值；

$\overline{x_j}$——第 j 个样本各个指标值经过标准化处理后的平均值。

（2）夹角余弦法：

$$\gamma_{ij} = \frac{\sum_{k=1}^{n} x_{ik} \cdot x_{jk}}{\sqrt{\sum_{k=1}^{n} x_{ik}^2 \cdot \sum_{k=1}^{n} x_{jk}^2}} \tag{4-10}$$

（3）最大最小值法：

$$\gamma_{ij} = \frac{\sum_{k=1}^{n} \min(x_{ik}, x_{jk})}{\sum_{k=1}^{n} \max(x_{ik}, x_{jk})} \tag{4-11}$$

（4）算术平均最小值法：

$$\gamma_{ij} = \frac{\sum_{k=1}^{n} \min(x_{ik}, x_{jk})}{\frac{1}{2}\sum_{k=1}^{n}(x_{ik}, x_{jk})} \tag{4-12}$$

（5）几何平均最小值法：

$$\gamma_{ij} = \frac{\sum_{k=1}^{n} \min(x_{ik}, x_{jk})}{\sum_{k=1}^{n} \sqrt{x_{ik} \cdot x_{jk}}} \tag{4-13}$$

（6）指数相似系数法：

$$\gamma_{ij} = \frac{1}{n}\sum_{k=1}^{n} \exp\left[-\frac{3}{4}\left(\frac{x_{ik} - x_{jk}}{S_k}\right)^2\right] \tag{4-14}$$

式中 S_k——第 k 个指标的数据标准方差。

（7）绝对值倒数法：

$$\gamma_{ij} = \begin{cases} 1 & (i = j) \\ M\left(\sum_{k=1}^{n} |x_{ik} - x_{jk}|\right)^{-1} & (i \neq j) \end{cases} \tag{4-15}$$

式中 M——适当选取的一个数，使得 $0 \leqslant \gamma_{ij} \leqslant 1$。

（8）平均差距法：

$$\gamma_{ij} = \frac{1}{n}\sum_{k=1}^{n} |x_{ik} - x_{jk}| \tag{4-16}$$

（9）欧氏距离法：

$$\gamma_{ij} = \sqrt{\frac{1}{n}\sum_{k=1}^{n}(x_{ik} - x_{jk})^2} \tag{4-17}$$

式中 x_{ik}——第 i 个样本，第 k 个指标值；

x_{jk}——第 j 个样本，第 k 个指标值。

此外，还可以通过专家评分法，即根据有经验的专业人员的主观评定或者打分的方法来定义相似系数矩阵的相似系数 γ_{ij}。

在具体运用时可以根据特定问题的实际情况合理地选择上述诸多计算相似系数方法中的一种。经标定后得到 $0 \leqslant \gamma_{ij} \leqslant 1$（$i = 1, 2, \cdots, m$；$j = 1, 2, \cdots$，

m)。于是可以确定模糊关系矩阵 $\boldsymbol{R}$：

$$\boldsymbol{R} = \begin{bmatrix} r_{11} & \cdots & r_{1m} \\ \vdots & & \vdots \\ r_{m1} & \cdots & r_{mm} \end{bmatrix} \qquad (4-18)$$

4.4.2.3　聚类分析

聚类是在已建立的模糊相似关系矩阵 $\boldsymbol{R}$ 上，给出不同的 λ 水平进行截取，从而得到不同的分类。常用的模糊聚类分析法有两种：一种是基于模糊等价矩阵的聚类分析；另一种是直接聚类分析。本书中使用基于模糊等价矩阵的聚类分析（传递闭包法）。

根据标定所得的模糊相似关系矩阵 $\boldsymbol{R}$，一般只满足反射性和对称性，不满足传递性，因而还不是模糊等价关系。为此，需要将 $\boldsymbol{R}$ 改造成为模糊等价矩阵 $\boldsymbol{R}^*$。通常采用如下处理方法：

$$\boldsymbol{R} \rightarrow \boldsymbol{R}^2 \rightarrow \boldsymbol{R}^4 \rightarrow \boldsymbol{R}^8 \rightarrow \cdots \rightarrow \boldsymbol{R}^k \rightarrow \boldsymbol{R}^{2k} = \boldsymbol{R}^k$$

即首先将 $\boldsymbol{R}$ 自乘改造为 $\boldsymbol{R}^2$，然后再次自乘得 $\boldsymbol{R}^4$，如此继续下去，直到某一步出现 $t(\boldsymbol{R}) = \boldsymbol{R}^* = \boldsymbol{R}^{2k} = \boldsymbol{R}^k$。此时 $\boldsymbol{R}^*$ 满足了传递性，于是模糊相似矩阵 $\boldsymbol{R}$ 就被改造成了一个模糊等价关系矩阵 $\boldsymbol{R}^*$。

对于模糊等价关系矩阵 $\boldsymbol{R} = (r_{ij})_{m \times m}$，令 $\boldsymbol{R}_\lambda = (\lambda \cdot \gamma_{ij})_{m \times m}$，其中：

$$\gamma_{ij} = \begin{cases} 1 & (\gamma_{ij} \geqslant \lambda) \\ 0 & (\gamma_{ij} \leqslant \lambda) \end{cases} \qquad (4-19)$$

则 $\boldsymbol{R}_\lambda$ 称为 $\boldsymbol{R}$ 的 λ 截矩阵，它是一个布尔矩阵。在普通分类关系理论中，X 上的一个等价关系 $\boldsymbol{R}$ 可以唯一确定 X 上的一个划分（分类）。因此，当 $\boldsymbol{R}$ 为模糊等价矩阵时，就可根据 λ 对 X 进行分类，不同的 λ 值得到不同的分类。当 λ 由 1 降至 0 时，分类逐渐归并，形成一个动态的聚类。

4.4.2.4　确定最优分类数目

在模糊聚类分析过程中，对于各个不同的 $\lambda \in [0, 1]$，可以得到不同的分类，λ 的取值越大，分类数目就越多，从而形成一个动态聚类图，这样可以比较形象和直观地了解样本的分类情况。但是在实际问题中，需要选择某个最佳阈值 λ，从而确定样本的最优分类数目。一般常依据经验或者 F 统计量法来确定最优。

F 统计量法：设对应 λ 的分类数为 r，第 j 类的样本数为 n_j，第 j 类的第 k 个特征的平均值为 $\overline{x_k^{(j)}}$，作 F 统计量：

$$F = \frac{\displaystyle\sum_{j=1}^{r} \sum_{i=1}^{n_j} \sum_{k=1}^{m} \frac{(\overline{x_k^{(j)}} - \overline{x_k})^2}{r-1}}{\displaystyle\sum_{j=1}^{r} \sum_{i=1}^{n_j} \sum_{k=1}^{m} \frac{(x_{ik}^{(j)} - \overline{x_k^j})^2}{n-r}} \qquad (4-20)$$

式中 n——样本总数；

$x_{ik}^{(j)}$——第 j 类的第 i 个样本的第 k 个指标；

$\overline{x_k}$——全部样本的第 k 个指标的平均值。

F 统计量是服从自由度为 $(r-1, n-1)$ 的 F 分布。它的分子表示类与类之间的距离，分母表示类内样本间的距离。因此，F 值越大，说明类与类之间的距离越大，即类与类之间的差异越大，分类效果就越好。

如果 $F > F_{1-\lambda}(r-1, n-r)$ $(\alpha = 0.05)$，则根据数理统计的方差分析理论可以知道，类与类之间的差异显著，说明分类是最优的。如果满足 $F > F_{1-\lambda}(r-1, n-r)$ 的 F 值不止一个，可以进一步考察 $F - F_\alpha$ 的大小，从较大者中选择一个满意的 F 值作为最优的分类。

利用模糊聚类分析法对煤巷围岩稳定性分类的流程如图 4-2 所示。

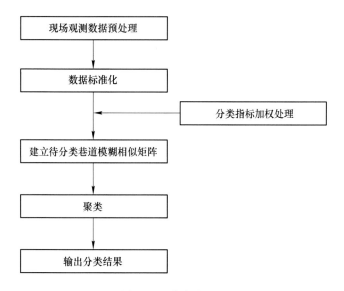

图 4-2 分类流程图

4.5 煤矿巷道围岩稳定性智能分类计算模型

基于霍州矿区相关数据，分析煤巷围岩稳定性智能分类的计算模型。

以霍州矿区为例，根据霍州矿区实际工程地质条件和生产情况，通过对霍州矿区主力矿井进行深入调研分析，并综合矿上所提供的相关科研资料，再结合上文中所确定的分类指标及其取值方法，从上百条巷道资料中整理出 63 条符合要求的典型煤矿巷道样本，如表 4-5 所示。

表 4-5　霍州矿区典型巷道样本

序号	矿井名称	巷道名称	σ_t /MPa	σ_b /MPa	σ_c /MPa	H/m	D/m	N	X/m	σ_h /MPa	θ /(°)	经验分类
1	李雅庄矿	6031 巷	27.5	9.38	65.1	639	8	1.5	20	30.05	83	3
2		二四配风巷	80.12	9.23	50.9	750	7	0.9	100	35.27	61	4
3		四轨、四皮巷	80.12	9.23	50.9	600	7	0.9	50	28.21	27	4
4		2201 巷	80.12	9.23	50.9	631	7	0.9	100	29.67	63	4
5	辛置矿	2-1071 巷	45.4	9.38	45.4	532	15	1.71	70	20.67	72	3
6		二采区皮带巷	45.4	9.38	45.4	419	15	1.84	70	16.28	38	3
7		10-4151 巷	24.31	6.89	63.5	296	12	0.87	100	11.5	41	3
8		10-4081 巷	25	6.89	43.3	242	12	0.79	70	9.4	62	3
9		左翼上部回风巷	41.02	5.66	48.1	450	14	1.24	60	17.48	34	3
10		310 皮带巷	43.1	5.66	48.1	480	14	1.06	60	18.65	28	3
11		首采区轨道巷	47.61	5.66	48.1	470	14	1.06	100	18.26	28	3
12		2-602 巷	46.43	5.66	48.1	447	14	1.24	20	17.37	79	3
13		2-651 巷	48.51	5.66	48.1	430	14	1.05	70	16.71	61	3
14		2-625 巷	45.42	5.66	48.1	458	14	1.52	25	17.79	47	4
15		2-103 巷	41.62	5.66	48.1	515	14	1.36	100	20.01	61	3
16		2-608 巷	44.78	5.66	48.1	536	14	1.69	70	20.82	47	4
17		10-407 巷	72.27	4.83	47.2	350	16	0.96	15	13.6	34	2
18		东四轨道巷	86.41	4.83	47.2	350	80	0.65	100	13.6	35	4
19	曹村矿	11-2141 巷	46.07	7.17	70.8	233	8	0.86	20	7.6	61	2
20		2-10351 巷	47.4	5.66	49	507	8	1.97	20	16.56	20	3
21		2-10381 巷	47.4	5.66	49	537	8	1.97	20	17.53	5	3
22		11-11071 巷	46.07	7.17	46.1	142	8	0.68	20	4.6	28	3
23		2-10311.2 巷	78.63	8.64	57.9	500	8	1.82	80	16.33	68	3
24		2-10321.2 巷	83.88	8.64	57.9	500	8	0.88	20	16.33	71	2
25	三交河矿	2-6011 巷	58	13.65	58	221	24	1.14	100	7.79	33	1
26		2-5131 巷	58	13.65	58	206	24	2.05	20	7.26	33	2
27		2-5081 巷	58	13.65	58	218	24	2.05	20	7.69	33	3
28		10-0011 巷	48	6.89	63.5	345	80	2.5	100	12.16	33	4
29		六采区轨道巷石门联巷	58	13.65	58	162	24	2.05	100	5.71	13	1
30		2上-314(1)(2)巷	60.65	15.53	78.7	230	17	1.75	20	8.11	28	2
31		2上-3162 巷	62.68	10.4	42.5	280	80	4	100	9.87	31	1

序号	矿井名称	巷道名称	σ_t/MPa	σ_b/MPa	σ_c/MPa	H/m	D/m	N	X/m	σ_h/MPa	θ/(°)	经验分类
32	干河矿	一采区右翼皮带巷	51.79	4.089	40.9	455	12	1.58	100	17.17	48	3
33		2—1082 巷	19.16	4.089	40.9	535	12	0.37	30	20.48	79	3
34		2－1122 巷	51.79	4.089	40.9	475	12	1.58	100	17.95	82	3
35		二采区回风巷	65.06	4.089	21.4	523	12	1.61	100	19.52	7	2
36	团柏矿	10－2052 巷	66.5	6.89	41.4	323	7	0.77	20	12.08	49	2
37		2－8051 巷	62.15	7.3	65.1	150	12.5	1.79	15	5.09	83	2
38		2－8071 巷	62.15	7.3	65.1	143	12.5	2.08	20	4.85	83	2
39		2－8091 巷	62.15	7.3	65.1	113	12.5	2.08	30	3.83	83	2
40		2－8151 运输巷	62.15	7.3	65.1	172	12.5	1.56	15	5.83	83	2
41		10－1151 回风巷	77.63	7.65	45.7	327	12.5	1.11	15	11.09	34	2
42		10－1171 回风巷	77.35	7.65	45.7	270	12.5	1.14	10	9.16	34	2
43	回坡底矿	10－1021 巷	73.99	6.64	58.2	225	20	0.87	30	8.14	85	2
44		10－1061 巷	73.99	6.64	58.2	235	20	1.1	30	8.5	85	2
45		11－1032 巷	37.45	7.09	51.8	230	11	1.15	10	8.32	88	2
46		11－1132 巷	37.45	7.09	51.8	240	11	1.15	40	8.68	88	2
47		11－1161 巷	37.45	7.09	51.8	255	11	1.1	30	9.23	88	2
48		11－1162 巷	37.45	7.09	51.8	255	11	1.1	40	9.23	88	2
49		11－1181 巷	37.45	7.09	51.8	250	11	1.1	100	9.04	88	2
50	店坪矿	5－2051 巷	73.83	4.84	19.9	245	12	0.97	25	7.91	0	2
51		5－2052 巷	73.83	4.84	19.9	288	12	0.97	25	9.3	0	2
52		5－2061 巷	73.31	4.84	19.9	280	12	0.87	25	9.04	0	2
53		5－2062 巷	73.31	4.84	19.9	280	12	0.87	100	9.04	0	2
54		5－2071 巷	73.31	4.84	19.9	303	12	0.87	100	9.79	0	2
55		900 水平皮带巷	72.78	4.84	19.9	247	12	0.73	30	7.98	0	2
56	木瓜矿	皮带运输大巷	32.41	4.92	25.1	260	12	0.78	50	7.95	89	2
57		回风大巷	40.79	4.92	25.1	299	12	0.34	30	9.15	89	2
58		轨道运输大巷	32.19	4.92	25.1	260	12	0.93	20	7.95	89	2
59		9－1131 巷	43.6	3.42	4.96	303	17.5	0.38	15	9.27	32	5
60		9－2031 巷	44.42	3.42	4.96	288	17.5	0.24	20	8.81	58	5
61		9－2011 巷	44.42	3.42	4.96	256	17.5	0.24	25	7.83	58	5
62	庞庞塔矿	5－1031 工作面	54.95	10.03	51.4	384	12	0.56	20	12.69	24	3
63		5－105 综掘工作面	55.3	10.03	51.4	410	12	0.54	20	18.36	24	3

应用模糊聚类分析方法，大体上按照以下几个步骤进行：

（1）分类指标原始数据的预处理。

在聚类时应尽量使巷道围岩稳定性与其影响因素的关系简单化，并尽可能将这种关系转换成线性关系。因此，在进行聚类或者预测巷道类别时不应直接使用分类指标的原始数据，而应对其进行预处理。9 个指标的处理方法如表 4 – 6 所示。

表 4 – 6 样本数据的预处理

原始数据	预处理后的数据
σ_t	$\sigma_t' = \dfrac{1}{\sqrt{\sigma_t}}$
σ_b	$\sigma_b' = \dfrac{1}{\sqrt{\sigma_b}}\sigma_b = \dfrac{1}{\sqrt{\sigma_b}}$
σ_c	$\sigma_c' = \dfrac{1}{\sqrt{\sigma_c}}$
H	H
D	D
N	N
X	$X' = \exp\left[-2.6\left(\dfrac{X - \dfrac{X_0}{3}}{X_0}\right)^2\right]$ （$\sigma_煤 < 10\mathrm{MPa}$） $X' = \exp\left[-3.6\left(\dfrac{X - \dfrac{X_0}{4}}{X_0}\right)^2\right]$ （$10\mathrm{MPa} < \sigma_煤 < 20\mathrm{MPa}$） $X' = 0.3\exp\left[-3.6\left(\dfrac{X - \dfrac{X_0}{4}}{X_0}\right)^2\right]$ （$\sigma_煤 > 20\mathrm{MPa}$）
σ_h	σ_h
θ	θ

表 4 – 6 内 X 表达式中 X_0 是指采动影响下煤巷保持稳定所需要的最小煤柱宽度，其取值如表 4 – 7 所示。

表 4 – 7 X_0 取值

X_0	$15.43 + 0.098H$（$\sigma_煤 < 10\mathrm{MPa}$）
	$8.43 + 0.046H$（$10\mathrm{MPa} < \sigma_煤 < 20\mathrm{MPa}$）
	$5.34 + 0.032H$（$\sigma_煤 > 20\mathrm{MPa}$）

（2）数据标准化。对样本巷道数据预处理，按照两步进行，即数据标准化

和数据的加权处理。根据模糊聚类分析的基本原理可知，要准确有效地使用这种分类方法，必须对原始数据进行预处理。结合煤巷围岩稳定性的分类指标以及典型煤巷的样本数据的具体情况，样本巷道数据的标准化分为两步进行，即无量纲化（标准差标准化）和极差正规化，经过标准化以后的巷道样本数据都被压缩在 [0，1] 闭区间内。

（3）分类指标加权处理。标准化后的数据并没有改变各指标对分类结果贡献大小的地位。根据前面对影响巷道围岩稳定性因素的分析，可以知道参与决定巷道围岩稳定性的各个指标对围岩稳定性的影响有主次、轻重的区别，如果把这些影响作用不同的指标平等对待，无疑要影响巷道围岩分类结果的可靠性及准确性。因此，在对巷道围岩稳定性进行模糊聚类分析时，必须对每一个指标确定一个权值来表达该指标的相对重要程度，以区分开这些指标对围岩稳定性的不同影响程度，即需要对每一个指标进行加权处理。加权处理的具体实施方法，就是在各指标经标准化处理后的数据上乘以相应的权值。各个指标的权值由层次分析法确定，如表4-8所示。

表4-8 影响因素权值

C	σ_t	σ_b	σ_c	D	N	B	σ_h	θ	H
W	0.09	0.04	0.06	0.11	0.08	0.19	0.15	0.13	0.15

（4）标定。按照标定定义，计算出衡量被分类对象间的相似程度的统计量 r_{ij}（$i，j = 1，2，3，\cdots，n$，n 为被分类对象的个数），从而确立论域 U 上的模糊关系矩阵 $\boldsymbol{R}$。通过试验相关系数法、夹角余弦法、欧氏距离法、几何平均最小值法等方法，采用夹角余弦法得到了比较满意的结果。夹角余弦法的标定公式为：

$$\gamma_{ij} = \frac{\sum_{k=1}^{n} x_{ik} \cdot x_{jk}}{\sqrt{\sum_{k=1}^{n} x_{ik}^2 \cdot \sum_{k=1}^{n} x_{jk}^2}} \qquad (4-21)$$

因此，根据相关系数法的标定公式，就可以确定具有自反性和对称性的加权模糊相似矩阵 $\boldsymbol{R}$，即：

$$\boldsymbol{R} = \begin{bmatrix} r_{11} & \cdots & r_{1m} \\ \vdots & & \vdots \\ r_{n1} & \cdots & r_{nn} \end{bmatrix}$$

（5）聚类。上面已经建立的模糊相似矩阵 $\boldsymbol{R}$ 一般情况下只满足反射性和对称性，不满足传递性，因而还不是模糊等价关系。为此，将 $\boldsymbol{R}$ 改造成模糊等价矩阵 $\boldsymbol{R}^*$。用平方法求 $\boldsymbol{R}$ 的传递包 $t(\boldsymbol{R})$，$\boldsymbol{R} \rightarrow \boldsymbol{R}^2 \rightarrow \boldsymbol{R}^4 \rightarrow \boldsymbol{R}^8 \rightarrow \cdots \rightarrow \boldsymbol{R}^{2n}$。可以等到模糊等价矩阵 $t(\boldsymbol{R}) = \boldsymbol{R}^{16}$，对已获得的模糊等价矩阵 $\boldsymbol{R}^*$，采用不同的阈值 λ 进行截取，即：

当 $\lambda = 1$ 时，63 个样本各成一类，共 63 类；

当 $\lambda = 0.831$ 时，样本被划分为 15 类：{1，2，3，4，5，9，10，11，12，13，14，15，16，20，21，32，34，35}；{6}；{7，8，19，22，37，38，39，40，43，44，45，46，47，48，49，56，57，58}；{17}；{18，28}；{23}；{24}；{25，29，31}；{26，27，30}；{33}；{36}；{41，42}；{50，51，52，53，54，55}；{59，60，61}；{62，63}；

当 $\lambda = 0.775$ 时，样本被划分为 10 类：{1，2，3，4，5，6，9，10，11，12，13，14，15，16，20，21，23，32，33，34，35}；{7，8，19，22，37，38，39，40，43，44，45，46，47，48，49，56，57，58}；{17，41，42，50，51，52，53，54，55}；{18，28}；{24}；{25，29，31}；{26，27，30}；{36}；{59，60，61}；{62，63}；

当 $\lambda = 0.756$ 时，样本被划分为 8 类：{1，2，3，4，5，6，9，10，11，12，13，14，15，16，20，21，23，24，32，33，34，35，62，63}；{7，8，19，22，37，38，39，40，43，44，45，46，47，48，49，56，57，58}；{17，41，42，50，51，52，53，54，55}；{18，28}；{25，27，30}；{26，27，30}；{36}；{59，60，61}；

当 $\lambda = 0.725$ 时，样本被划分为 6 类：{1，2，3，4，5，6，9，10，11，12，13，14，15，16，20，21，23，24，32，33，34，35，62，63}；{7，8，17，19，22，26，27，30，37，38，39，40，41，42，43，44，45，46，47，48，49，50，51，52，53，54，55，56，57，58}；{18，28}；{25，29，31}；{36}；{59，60，61}；

当 $\lambda = 0.707$ 时，样本被划分为 5 类：{1，2，3，4，5，6，9，10，11，12，13，14，15，16，20，21，23，24，32，33，34，35，62，63}；{7，8，17，19，22，26，27，30，36，37，38，39，40，41，42，43，44，45，46，47，48，49，50，51，52，53，54，55，56，57，58}；{18，28}；{25，29，31}；{59，60，61}；

当 $\lambda = 0.631$ 时，样本被划分为 4 类：{1，2，3，4，5，6，7，8，9，10，11，12，13，14，15，16，17，19，20，21，22，23，24，26，27，30，32，33，34，35，36，37，38，39，40，41，42，43，44，45，46，47，48，49，50，51，52，53，54，55，56，57，58，62，63}；{18，28}；{25，29，31}；{59，60，61}；

当 $\lambda = 0.593$ 时，样本被划分为 3 类：{1，2，3，4，5，6，7，8，9，10，11，12，13，14，15，16，17，19，20，21，22，23，24，26，27，30，32，33，34，35，36，37，38，39，40，41，42，43，44，45，46，47，48，49，

50，51，52，53，54，55，56，57，58，59，60，61，62，63}；{18，28}；
{25，29，31}；

当 $\lambda = 0.532$ 时，样本被划分为 2 类：{1，2，3，4，5，6，7，8，9，10，11，12，13，14，15，16，17，19，20，21，22，23，24，25，26，27，29，30，31，32，33，34，35，36，37，38，39，40，41，42，43，44，45，46，47，48，49，50，51，52，53，54，55，56，57，58，59，60，61，62，63}；{18，28}；

当 $\lambda = 0.484$ 时，全部样本归为 1 类。

（6）最优分类数目的确定。由于阈值 λ 的选取不同，分类结果也不相同。对上面的各种分类结果，可以根据 F 统计量来选择最优的分类结果。F 统计量的计算公式为：

$$
F = \frac{\displaystyle\sum_{j=1}^{n_c} n_j \cdot \sum_{k=1}^{m} \frac{\left(\overline{x_k^{(j)}} - \overline{x_k}\right)^2}{n_c - 1}}{\displaystyle\sum_{j=1}^{r} \sum_{i=1}^{n_j} \sum_{k=1}^{m} \frac{\left(x_{ik}^{(j)} - \overline{x_k^{(j)}}\right)^2}{n - n_c}} \tag{4-22}
$$

式中　　n_c——分类总数；

　　　　n——样本巷道总数。

对于以上煤巷聚类分析的过程，当分类数 r 由 2 变到 15 时，各个 F 值以及其在 0.05 可信度下的 $F_{0.05}$ 值如表 4 - 9 所示。根据数理统计方差分析理论，如果 $F > F_{0.05}$，说明类与类之间的差异显著，即分类结果比较合理。

表 4 - 9　巷道最优分类数的选择

分类数目	2	3	4	5	6	8	10	15
λ	0.531	0.592	0.631	0.707	0.725	0.756	0.775	0.804
F	0.63	1.75	1.52	39.09	31.49	27.86	24.23	16.03
$F_{0.05}$	8.48	5.79	4.74	3.79	3.54	3.34	3.26	2.74
$F - F_{0.05}$	-7.85	-4.04	-3.22	35.3	27.95	24.52	20.97	13.29

从表 4 - 9 中可以看出，当 $\lambda = 0.707$ 时，$F - F_{0.05}$ 为所有分类中的最大值，因此 $\lambda = 0.707$ 的聚类结果是最优的，即巷道样本被聚为 5 类是最合适的。最优的分类结果如表 4 - 10 所示。

表 4 - 10　巷道样本的最优分类结果

巷道类别	巷道样本序号
Ⅰ	25，29，31
Ⅱ	7，8，17，19，22，26，27，30，36，37，38，39，40，41，42，43，44，45，46，47，48，49，50，51，52，53，54，55，56，57，58

续表 4 – 10

巷道类别	巷道样本序号
Ⅲ	1，2，3，4，5，6，9，10，11，12，13，14，15，16，20，21，23，24，32，33，34，35，62，63
Ⅳ	18，28
Ⅴ	59，60，61

将模糊聚类分析结果与经验分类结果进行比较，可见除了少数巷道（2，3，4，13，15，26，34）外，煤巷围岩稳定性模糊分类结果与经验评价结果比较接近，分类结果较为理想。

最终得到霍州矿区巷道围岩稳定性分类的聚类中心如表 4 – 11 所示。

表 4 – 11   各指标聚类中心

巷道类别	σ_t/MPa	σ_b/MPa	σ_c/MPa	H/m	D/m	N	X/m	σ_h/MPa	θ/(°)
Ⅰ	59.56	12.57	52.84	221	42.67	2.4	100	7.79	25.07
Ⅱ	67.21	5.86	55.37	347.5	80	1.58	100	12.88	34
Ⅲ	55.64	7.16	46.05	240.6	13	1.15	36	8.24	57.7
Ⅳ	53.02	6.92	48.09	507.6	11.46	1.29	59.4	20	48.2
Ⅴ	44.15	3.42	4.96	282.3	17.5	0.29	20	8.64	49.3

以此聚类中心作为模式，将待预测巷道与各个级别模式进行比较，便可判断出待预测巷道的围岩稳定性类别。

4.6   巷道围岩稳定性预测

在用模糊聚类分析方法对巷道稳定性分类以后，就可以预测未知巷道的围岩稳定性类别。在对巷道围岩稳定性进行模糊聚类分析分类时，所讨论的对象是样本群。因为其并没有任何模式可供参考或依循，而是要求能够依据其特性来进行合理分类，因此这是一种无模式识别问题。而巷道稳定性类别的预测则属于模式识别问题，是在已知若干模式，即根据分类结果，确定出若干个个类别的聚类中心，并以此作为模式，将待预测巷道与各个类别模式进行比较，从而确立出待预测巷道的类别，这就是所谓的模式识别。通过上一节对典型煤巷进行分类的结果，得到了 5 类巷道的聚类中心，如表 4 – 11 所示。

对未知巷道进行预测的方法有很多，其原则是保证巷道类别预测结果准确，便于现场使用，实施时也应尽可能做到方便易行。模式识别的方法有很多，目前常用的有采用模糊综合评判方法预测、采用模糊择近原则预测、采用灰色关联模型预测和利用 BP 神经网络进行预测。原煤炭工业部生产司在"关于试用《缓倾

斜、倾斜煤层煤巷围岩稳定性分类方案》的通知 [(88) 煤生字第 163 号]" 中
推荐采用模糊综合评判法进行巷道类别预测。

4.6.1 模糊综合评判模型

按照确定的标准，对某个或某类对象中的某个因素或某个部分进行评价，称
为单一评判；从众多的单一评判中获得对某类对象的整体评价，称为综合评判。
综合评判的目的是希望能对若干对象按一定目的进行排序，从而挑出最优和最劣
对象，这也称为决策过程。综合评判的模型分为一级模型和多级模型，利用一级
模型进行综合评判的步骤如下：

（1）建立评判对象因素集 $U = \{u_1, u_2, \cdots, u_n\}$；

（2）建立评判集 $Z = \{z_1, z_2, \cdots, z_n\}$；

（3）建立单因素评判，即建立一个从 U 到 V 的模糊映射：

$$F: U \rightarrow F(Z)$$

$$x_i \rightarrow \frac{P_{i1}}{Z_1} + \frac{P_{i2}}{Z_2} + \cdots + \frac{P_{in}}{Z_n}$$

式中，$0 \leqslant P_{ij} \leqslant 1$，$i = 1, 2, \cdots, n$；$j = 1, 2, \cdots, m$。

由 F 诱导出模糊关系矩阵：

$$P = \begin{bmatrix} p_{11} & \cdots & p_{1m} \\ \vdots & & \vdots \\ p_{n1} & \cdots & p_{nn} \end{bmatrix}$$

称 P 为单因素评判矩阵，并称三元有序组 (U, Z, P) 为评判空间。

（4）综合评判，选取合适的模糊综合函数 f 进行综合。用 U 上的一个模糊集
$A = \{a_1, a_2, \cdots, a_n\}$ 表示各个因素的权重分配，若取 $f = F(Z)$，则综合评
判为：

$$B = A \cdot R \in F(Z)$$

该评判模型称为 $M(\vee, \wedge)$ 模型。

4.6.2 巷道稳定性类别预测

在预测巷道类别时，评判集合为：

$$V = \{\text{I 类}, \text{II 类}, \text{III 类}, \text{IV 类}, \text{V 类}\}$$

因素集合为：

$U = \{$顶板围岩强度 σ_t，两帮围岩强度 σ_c，底板围岩强度 σ_b，岩体完整性
D，本区段采动影响 N，相邻区段残余采动影响 X，最大水平主应力 σ_h、最大水
平主应力方向与巷道轴向夹角 θ，巷道埋深 $H\}$

U 中各个元素对 Z 的模糊子集可以组成模糊关系矩阵 $P = \{p_{ij}\}$，其中 p_{ij} 表示

从 i 因素着眼，该因素能评为第 j 类的隶属程度。

确定模糊评价矩阵的关键在于确定各因素相对于各类的隶属函数，常用的确定隶属函数的方法有模糊统计法、三份法、德尔菲法。而用正态分布函数作为巷道围岩稳定性分类指标的隶属函数，可以得到比较满意的预测结果，即：

$$r_{ij} = e^{-\left(\frac{x_i - a_{ij}}{\sigma_i}\right)} \tag{4-23}$$

式中　a_{ij}——第 i 个指标的第 j 类的聚类中心值；$i = 1, 2, \cdots, n$；$j = 1, 2, \cdots, m$。

　　　σ_i——各级聚类中心第 i 个指标的标准差。

在综合评价多因素影响的事物时，要考虑各个因素的重要程度、对评定等级所起作用的大小以及对于不同因素的不同权值，亦即建立一个模糊子集 $A = \{a_1, a_2, \cdots, a_9\}$，其中 $a_1, a_2, \cdots, a_9$ 分别表示 9 个因素的权值。

模糊综合评判即对分配模糊子集 A 和模糊关系矩阵 $\boldsymbol{R}$ 进行如下模糊变换：

$$B = A \cdot R$$

由此得到评价集 V 的模糊子集 $B = \{b_1, b_2, b_3, b_4, b_5\}^{\mathrm{T}}$，$b_j = V_{i=1}^{n}(a_i \wedge r_{ij})$，其中 b_1, b_2, b_3, b_4, b_5 分别表示待预测巷道对各聚类中心的从属程度，待预测巷道的类别 B 中分向量最高者在 V 评价集中所属的位置。

为了方便、准确、科学地对煤巷围岩稳定性进行预测，本书还运用 C#语言编制了煤矿巷道围岩稳定性智能分类系统来帮助分析。通过该系统，使用人员只需输入待预测巷道的顶板围岩强度 σ_t、两帮围岩强度 σ_c、底板围岩强度 σ_b、岩体完整性 D、本区段采动影响 N、相邻区段残余采动影响 X、最大水平主应力 σ_h、最大水平主应力方向与巷道轴向夹角 θ 和巷道埋深 H 9 个数据，软件便可以快速、准确地判断出该巷道的围岩稳定性类别。在下一节将详细介绍该软件的设计及使用情况。

4.7　巷道围岩稳定性分类系统操作方法

4.7.1　聚类中心的实现

4.7.1.1　影响因素的选择

系统默认的煤矿回采巷道围岩稳定性影响因素为顶板强度、两帮强度、底板强度、巷道埋深、直接顶初次垮落步距、顶高比、护巷煤柱宽度、最大水平主应力、最大水平主应力与巷道轴向夹角 9 项，因此默认的列数也是 9，操作人员也可以根据实际情况，将自己所选择的因素数目输入到列数中，如图 4-3 所示。

图 4-3　设定列数

4.7.1.2　原始数据的读取和输入

可以在界面的表格中直接输入需要处理的数据，也可以点击界面下方的"读取"键，找到准备处理的数据文件（.xlsx），如图4-4所示。

图4-4　读取待处理数据

4.7.1.3　权值的输入

软件默认9个因素的权值分别为0.09、0.04、0.06、0.15、0.11、0.08、0.19、0.15、0.13，使用者也可以根据实际情况自己输入相应的权值，如图4-5所示。

4.7.1.4　步骤及方法的选择

在取值精度下拉菜单中操作人员可以选择（显示）计算精度，若勾取右边的"截取"选项，则软件就以所选择的精度进行计算；若不勾取该选项，则软件仍以最大精度进行计算，但显示出来的是所选取的精度，如图4-6所示。软件默认的显示计算精度为0.01。

在标准化下拉菜单中操作人员可以选取在该步骤中是执行"标准化"、"正规化"还是各过程都执行。软件默认是二者都执行，如图

权值：	
权值1:	0.09
权值2:	0.04
权值3:	0.06
权值4:	0.15
权值5:	0.11
权值6:	0.08
权值7:	0.19
权值8:	0.15
权值9:	0.13

图4-5　输入权值

4 – 7 所示。

图 4 – 6　精度选择　　　　　　　　图 4 – 7　标准化设定

在标定公式下拉菜单中，软件提供了相关系数法、夹角余弦法、欧氏距离法、海明距离法 4 种标定公式，如图 4 – 8 所示。软件默认选用的标定公式是相关系数法。

在预处理下拉菜单中操作人员可以选择是否对原始数据进行预处理，如图 4 – 9 所示。

图 4 – 8　标定公式设定　　　　　　图 4 – 9　预处理设置

在输入界面上"其他"部分输入比例数据，可以控制图形输入比例大小，供选择打印和输出。

操作人员可以根据实际情况输入 λ 的取值个数，若该值输入值为 0 时则结果显示出所有 λ 值下的分类情况。软件默认的 λ 数目为 10。

4.7.1.5　计算过程及结果

完成以上步骤后，点击"计算"键，软件便会根据设定的数据进行计算分析。操作人员可以点击界面上部的按钮查看每一步骤的计算中间数据，如图 4 – 10 和图 4 – 11 所示。

1	2	3	4	5	6	7	8	9
0.12	0.58	0.91	0.83	0.01	0.34	0.11	0.83	0.93
0.91	0.57	0.70	1.00	0.00	0.18	1.00	1.00	0.69
0.91	0.57	0.70	0.76	0.00	0.18	0.44	0.78	0.30
0.91	0.57	0.70	0.81	0.00	0.18	1.00	0.82	0.71
0.39	0.58	0.61	0.66	0.11	0.39	0.67	0.54	0.81
0.39	0.58	0.61	0.48	0.11	0.43	0.67	0.40	0.43
0.08	0.34	0.89	0.29	0.07	0.17	1.00	0.24	0.46
0.09	0.34	0.58	0.27	0.15	0.27	0.56	0.18	0.70
0.33	0.22	0.66	0.53	0.10	0.27	0.56	0.43	0.38
0.36	0.22	0.66	0.58	0.10	0.22	0.56	0.47	0.31
0.42	0.22	0.66	0.56	0.10	0.22	1.00	0.46	0.31
0.41	0.22	0.66	0.52	0.10	0.27	0.11	0.43	0.89
0.44	0.22	0.66	0.50	0.10	0.22	0.67	0.41	0.69
0.39	0.22	0.66	0.54	0.10	0.34	0.17	0.44	0.53
0.33	0.22	0.66	0.69	0.10	0.11	0.51	0.69	
0.38	0.22	0.66	0.66	0.10	0.39	0.67	0.54	0.53
0.79	0.14	0.64	0.37	0.12	0.19	0.06	0.31	0.38
1.00	0.14	0.64	0.37	1.00	0.11	1.00	0.31	0.39
0.40	0.37	1.00	0.19	0.01	0.16	0.11	0.12	0.69
0.42	0.22	0.67	0.62	0.01	0.46	0.11	0.40	0.22
0.42	0.22	0.67	0.67	0.01	0.46	0.11	0.44	0.06
0.40	0.37	0.62	0.05	0.01	0.12	0.11	0.02	0.31
0.88	0.51	0.80	0.61	0.01	0.42	0.78	0.40	0.76
0.96	0.51	0.80	0.61	0.01	0.17	0.11	0.40	0.80
0.58	1.00	0.81	0.17	0.23	0.24	1.00	0.13	0.37
0.58	1.00	0.81	0.15	0.23	0.48	0.11	0.11	0.37

图4-10 数据标准正规化处理结果

1	2	3	4	5	6	7
1.00	0.51	0.57	0.42	0.60	0.28	0.04
0.51	1.00	0.89	0.99	0.90	0.90	0.70
0.57	0.89	1.00	0.82	0.65	0.63	0.33
0.42	0.99	0.82	1.00	0.91	0.94	0.78
0.60	0.90	0.65	0.91	1.00	0.91	0.77
0.28	0.90	0.63	0.94	0.91	1.00	0.92
0.04	0.70	0.33	0.78	0.77	0.92	1.00
0.21	0.64	0.24	0.73	0.84	0.84	0.92
0.47	0.95	0.96	0.95	0.93	0.96	0.82
0.46	0.96	0.82	0.95	0.88	0.93	0.77
0.13	0.87	0.61	0.91	0.82	0.98	0.93
0.89	0.43	0.89	0.61	0.61	0.24	0.05
0.44	0.89	0.62	0.93	0.97	0.94	0.86
0.93	0.64	0.72	0.57	0.69	0.41	0.13
0.32	0.89	0.59	0.93	0.94	0.99	0.93
0.52	0.95	0.60	0.95	0.95	0.95	0.79
0.52	0.34	0.60	0.29	0.23	0.02	0.39
0.35	0.52	0.25	0.59	0.45	0.63	0.72
0.48	0.11	0.05	0.17	0.36	0.10	0.14
0.72	0.54	0.77	0.43	0.42	0.30	0.48
0.58	0.51	0.77	0.38	0.31	0.27	0.47
0.01	0.01	0.48	0.12	0.15	0.07	0.20
0.32	0.86	0.64	0.64	0.90	0.91	0.80
0.70	0.43	0.57	0.41	0.47	0.17	0.47
0.36	0.55	0.20	0.66	0.56	0.79	0.93

图4-11 数据标定处理结果

系统的最终计算结果如图4-12所示。

系统还在分类树的右边给出了 F 统计量，以便操作人员作为选取合适分类数的参考。

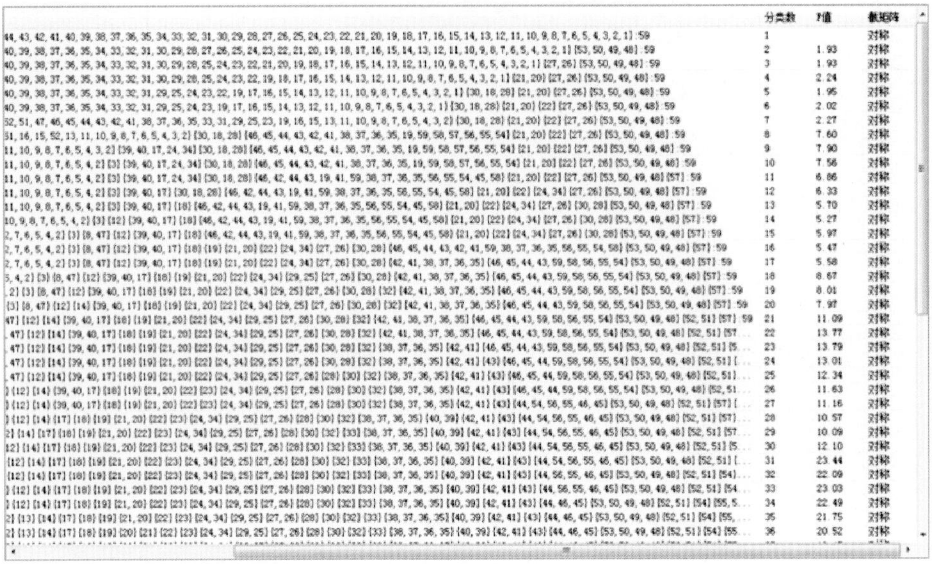

图 4 – 12　数据初始分类最终计算结果

4.7.1.6　聚类中心的获取

在初始分类完成后，点击界面右方的"聚类"键，选择聚类数，如图 4 – 13 所示。

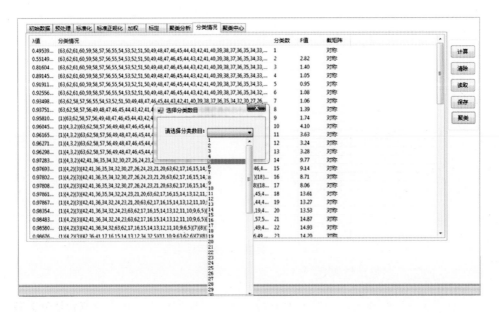

图 4 – 13　计算聚类中心

这里依据经验一般选取 5 类，操作人员也可以根据具体情况选取，选择分类数后便可以得到该样本的聚类中心，如图 4 – 14 所示。

	1	2	3	4	5	6	7	8	9
▶	54.25	6.83	44.79	355.12	12.65	1.16	44.48	13.22	50.88
	67.21	5.86	55.37	347.50	80.00	1.58	100.00	12.88	34.00
	58.00	13.65	58.00	221.00	24.00	1.14	100.00	7.79	33.00
	58.00	13.65	58.00	162.00	24.00	2.05	100.00	5.71	13.00
＊	62.68	10.40	42.51	280.00	80.00	4.00	100.00	9.87	31.00

图 4 – 14　聚类中心

4.7.1.7　计算结果的保存

如果计算结果达到预期，可以点击"保存"键，将计算结果保存成 Excel 文件，以便以后分析查看，如图 4 – 15 所示。

图 4 – 15　结果保存

4.7.2　巷道围岩稳定性判定

4.7.2.1　待测巷道相关参数的输入

根据待测巷道的实际工程地质条件，在"分析数据"一栏中填入该巷道的顶板强度、底板强度、巷道埋深等 9 项指标，如图 4 – 16 所示。这些指标操作人员可以通过该巷道的具体工程地质情况以及试验数据获得。

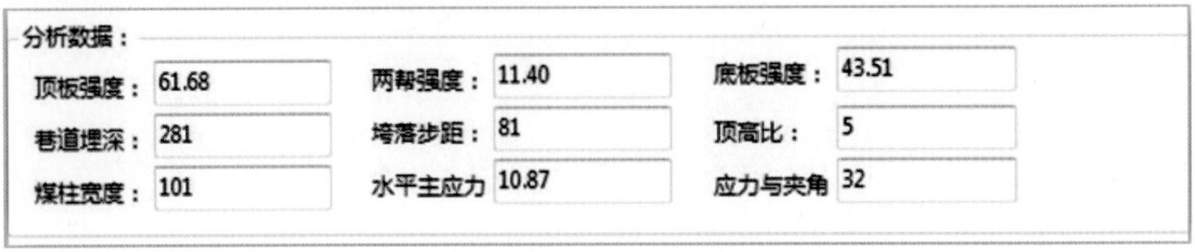

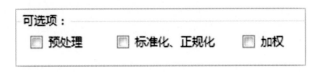

图 4 – 16　输入巷道参数

4.7.2.2　处理方法的选择

在下面的"可选项"和"操作"栏中选择测试的步骤和计算方法。其中在"可选项"一栏中操作人员可以根据具体情况选择是否进行"预处理"、"标准化、正规化"和"加权"处理，如图 4 – 17 所示。

图 4 – 17　可选操作

具体评判方法中，操作人员可以在"模糊综合评判"和"灰色关联法"中选择，如图 4 – 18 所示。

若选择"模糊综合评判"，系统在构建模糊关系的选择上提供了"正态隶属函数法"和"距离法"两种方法，如图 4 – 19 所示。

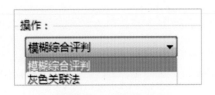

图 4 – 18　评判方法

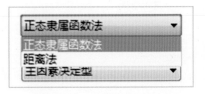

图 4 – 19　构建模糊关系矩阵

在模糊变换的方法上，系统含有"主因素决定型"、"主因素突出型一"、"主因素突出型二"和"加权平均型" 4 种方法，如图 4 – 20 所示。

最后，系统还支持"最大隶属函数法"和"加权平均法"两种评价指标的处理方法，如图 4 – 21 所示。

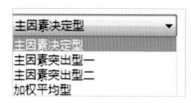 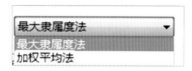

图4-20　模糊变换方法　　　　　　图4-21　评价指标处理

4.7.2.3　预测结果的计算得出

在完成以上操作步骤后，点击"稳定性分析"键，便可以得到该巷道的稳定性预测。系统给出了评判指标的具体情况及预测结果，如图4-22所示。

图4-22　稳定性评判结果

5 基于工程类比煤矿巷道支护参数神经网络预测

5.1 神经网络基本概念及原理

人工神经网络（artificial neural networks，ANN）是由大量的、简单的处理单元（称为神经元）广泛地互相连接而形成的复杂网络系统，它反映了人脑功能的许多基本特征，是高度复杂的非线性动力学系统。神经网络具有非线性自适应的信息处理能力，克服了传统人工智能方法的缺陷，因而在专家系统、模式识别、智能控制、组合优化、预测等领域得到成功应用。神经网络与其他传统方法相组合将推动人工智能和信息处理技术不断发展。近年来，神经网络在模拟人类认知的道路上更加深入发展，并与模糊系统、遗传算法、进化机制等组合形成计算智能，成为了人工智能的一个重要方向。

5.1.1 神经元模型及其组成

神经网络是由大量的单元（神经元）互相连接而成的网络。为了模拟大脑的基本特性，在神经科学研究的基础上，提出了神经网络的模型。人工神经网络结构中的神经元模型模拟一个生物神经元，如图 5 – 1 所示。该神经元由多个输入 x_i 和一个输出 y_i 组成，中间状态由输入信号的加权和与修正值表示。一个典型的神经网络模型由输入、网络权值与阀值、求和单元、传递函数、输出所组成，用数学公式表达为：

$$Y_j(t) = f\left(\sum_{i=1}^{n} w_{ji}x_i - \theta_i\right) \tag{5 – 1}$$

式中　θ_i——i 神经元的阀值；

　　　w_{ji}——i 神经元的 j 对连接权值；

　　　f——传递函数，决定 i 神经元受到输入 x_i 的作用达到阀值时的输出方式；

　　　x_i——神经网络的输入；

　　　$Y_j(t)$——神经网络的输出结果。

5.1.2 神经元的传递方式

传递函数是神经网络的重要组成部分，又称为激活函数。不同的传递函数可

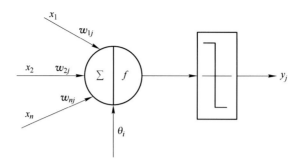

图 5 – 1 神经元的基本模型

以得到不同的输出特性，神经元的输出由函数 $f(x)$ 表示，其中最常见有阶跃型、线性型和 S 型三种形式，如图 5 – 2 所示。

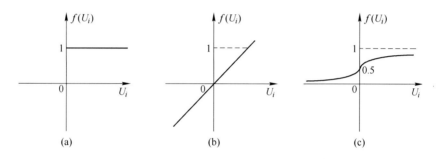

图 5 – 2 神经元的传递函数

（a）阶跃型传递函数；（b）线性型传递函数；（c）S 型传递函数

假设 $U_i = \sum\limits_{j=1}^{n} w_{ji} x_j - \theta_i$，则对应三种典型传递函数 $f(U_i)$ 描述如下：

（1）阶跃转移函数（hardlim）。该函数可以限制输出，使得输入参数小于 0 时输出为 0，大于或等于 0 时输出为 1，函数表达式为：

$$f(U_i) = \begin{cases} 1 & (U_i \geq 0) \\ 0 & (U_i < 0) \end{cases} \tag{5 – 2}$$

（2）线性传递函数。函数表达式为：

$$f(U_i) = \begin{cases} 1 & (U_1 \geq U_2) \\ c_1 U_i + c_2 & (U_1 \leq 0 < U_2) \\ 0 & (U_1 < U_2) \end{cases} \tag{5 – 3}$$

（3）S 型（sigmoid）对数函数。函数单调可微，可使结果在（0，1）之间连续取值，函数表达式为：

$$f(U_i) = \frac{1}{1 + \exp(-U_i)} \qquad (5-4)$$

S 型函数反映了神经元的饱和特性，由于其函数连续可导，调节曲线的参数可以得到类似阀值函数的功能，因此，该函数被广泛应用于许多神经元的输出特性中。

5.1.3　神经网络的基本结构

人工神经网络模型是大量神经元按照一定规则连接构成的网络。根据神经元之间连接方式的不同，神经网络常分成以下几类：

（1）前馈型神经网络。前馈网络具有递阶分层结构，由一些同层神经元间不存在互连的层级组成，从输入层至输出层的信号通过单向连接流通，神经元从一层连接至下一层，不存在同层神经元间的连接，如图 5-3 所示（图中实线指明实际信号流通而虚线表示反向传播）。

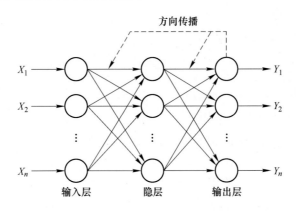

图 5-3　前馈型神经网络模型

典型的前馈型神经网络有多层感知器 MLP、学习矢量量化 LVQ 网络、小脑模型连接控制 CMAC 网络以及数据处理方法 GMDH 网络等。

（2）反馈型神经网络，由多个神经元互连而组织一个互连神经网络，如图 5-4 所示。有些神经元的输出被反馈至同层或者前层神经元，因此，信号能够双向流通。所有节点都是计算单元，同时也可以接受外界输入，并向外界输出。

图 5-4 中，V_i 表示节点的状态，x_i 为节点的输入值，x_i' 为收敛后的输出值，其中 $i=1, 2, \cdots, n$。若单元总数为 n，则每一个节点有 $n-1$ 个输入和 1个输出。典型的反馈型神经网络有 Hopfield 网络、Elmman 网络以及 Jordan 网络等。

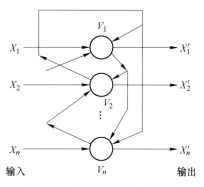

图 5-4 反馈型神经网络模型

5.2 BP 神经网络

按照神经元之间相互作用的关系进行数学模型化而得到的不同神经网络模型已有几十种，具有代表性的网络模型有感知器网络、GMDH 网络、RBF 网络、Hopfield 网络、自适应共振网络 ART 等。其中，应用最为广泛的为 BP 神经网络。

BP 神经网络在结构上类似多层感知器，是一种多层前馈神经网络。它的名字源于在网络训练中，调整网络权值的训练算法是误差反向传播算法，即 BP 学习算法。由于 BP 神经网络结构简单、可调参数多、训练算法多、可操控性好，自提出以后获得了广泛的实际应用。据统计，80% ~ 90% 的神经网络模型采用了 BP 神经网络或者它的变化形式，BP 神经网络是前向网络的核心部分，体现了神经网络中最精华、最完美的内容。

5.3 BP 神经网络的改进

BP 神经网络的改进主要以改进学习方式为主。经过近几十年的发展，国内外学者对 BP 神经网络进行不间断的研究，发展出各种改进公式，其中主要包括以下几种：

（1）附加动量法。附加动量法使网络在修正其权值时，不仅考虑误差在梯度上的作用，而且考虑误差曲面变化趋势的影响。在没有附加动量的作用下，网络可能陷入局部极小值，利用附加动量的作用有可能滑过这些极小值。该方法是在反向传播法的基础上在每一个权值（或阀值）的变化上加上一项正比于前一步权值（或阀值）变化量的值，并根据反向传播法来产生新的权值（或阀值）变化。带有附加动量因子的权值和阀值调节公式为：

$$\Delta w_{ij}(k + 1) = (1 - mc)\eta\delta_i p_j + mc\Delta w_{ij}(k) \tag{5-5}$$

$$\Delta b_i(k + 1) = (1 - mc)\eta\delta_i + mc\Delta b_i(k) \tag{5-6}$$

式中　k——训练次数；

　　　mc——动量因子，一般取 0.95 左右。

　　附加动量法的实质是将最后一次权值（或阀值）变化的影响，通过一个动量因子来传递。当动量因子取值为 0 时，权值（或阀值）的变化仅是根据梯度下降法产生；当动量因子取值为 1 时，新的权值（或阀值）变化设置为最后一次权值（或阀值）的变化，而依梯度法产生的变化部分则被忽略掉了。按照这样的方式，当增加了动量项后，会促使权值调节向着误差曲面底部的平均方向变化，当网络的权值进入误差曲面底部的平坦区时，δ_i 将变得很小，于是有：

$$\Delta w_{ij}(k+1) = \Delta w_{ij}(k) \tag{5-7}$$

从而防止了 $\Delta w_{ij} = 0$ 的出现，有助于使网络从误差曲面的局部极小值中跳出。

　　根据附加动量法的设计原则，当修正的权值在误差中导致太大的增长结果时，新的权值应被取消而不被采用，并使动量作用停止下来，以使网络不进入较大误差曲面；当新的误差变化率对其旧值超过一个事先设定的最大误差变化率时，也必须得取消所计算的权值变化，其最大误差变化率可以是 1 或者任何大于 1 的值，典型的取值为 1.04。所以，在进行附加动量法的训练程序设计时，必须加进条件判断以正确使用其权值修正公式。通常，训练程序设计中采用动量法的判断条件为：

$$mc = \begin{cases} 0 & (E(k) > 1.04E(k-1)) \\ 0.95 & (E(k) < E(k-1)) \\ mc & (其他) \end{cases} \tag{5-8}$$

式中　$E(k)$——第 k 步误差平方和。

　　（2）自适应学习速率。对于一个特定的问题，要选择适当的学习速率不是一件容易的事情，通常是凭经验或实验获取。但即使这样，对训练开始初期功效较好的学习速率也不见得对后来的训练合适。为了解决这个问题，人们自然想到在训练过程中自动调节学习速率。通常调节学习速率的准则是：检查权值是否真正降低了误差函数，如果确实如此，则说明所选学习速率小了，可以适当增加一个量；若不是这样，而产生了过调，那么就应该减少学习速率的值。下式给出了一个自适应学习速率的调整公式：

$$\eta(k+1) = \begin{cases} 1.05\eta(k) & (E(k+1) < E(k)) \\ 0.7\eta(k) & (E(k+1) > 1.04E(k)) \\ \eta(k) & (其他) \end{cases} \tag{5-9}$$

式中　$E(k)$——第 k 步误差平方和。

　　（3）动量 – 自适应学习速率调整算法。当采用前述的动量法时，BP 算法可以找到全局最优解；当采用自适应学习速率时，BP 算法可以缩短训练时间。因此，采用这两种方法也可以用来训练神经网络，该方法称为动量 – 自适应学习速率调整算法。

（4）LM（Levenberg – Marquardt）优化法。该算法是为了在以近似二阶训练速率进行修正时避免计算 Hessian 矩阵而设计的。LM 算法的权值修正公式为：

$$\Delta \boldsymbol{W} = (\boldsymbol{J}^\mathrm{T}\boldsymbol{J} + \mu\boldsymbol{I})^{-1}\boldsymbol{J}^\mathrm{T}\boldsymbol{e} \qquad (5-10)$$

式中，$\boldsymbol{J}$ 是雅可比矩阵，它的元素是网络误差函数对权值和阀值的一阶导数，$\boldsymbol{e}$ 是网络的误差向量。当系数 μ 等于 0 时，该算法与牛顿算法相同；当系数 μ 的值很大时，梯度的递减量减小，该算法变为步长较小的梯度下降法。由于牛顿法逼近最小误差的速度更快，更精确，因此，应尽可能使算法接近于牛顿法，在每一步成功迭代后，即网络的误差性能减小，减小 μ 的值；而当网络的误差性能增加时，则增大 μ 的值。这样就保证了网络的误差性能函数值始终在减小。

将 LM 优化法应用于神经网络训练，从收敛性能和对初始点的依赖性上看较动量法和梯度下降法好，在大多数情况下，LM 优化法能获得比动量法和梯度下降法更小的逼近误差。

5.4　神经网络在煤矿巷道支护设计中的研究现状

到目前为止，国内外不少机构及研究人员对 BP 神经网络进行了研究，解决了不少实际中难以解决的问题，并将其引入岩土工程及煤矿巷道支护设计，取得了较好的效果。1984 年，美国麻省理工学院 W. S. Dershowitz 与 H. H. Einstein 首先发表了题为《人工智能在岩石力学中应用》的论文，开启了 BP 神经网络研究的序幕。在此以后，神经网络的研究度过了 70 年代的低谷期，随后迅猛发展。1992 年，我国的张清成功地通过 BP 神经网络算法对岩石力学性能进行了分析，标志着其在国内实际工程应用的开始。

1995 年，东北大学冯夏庭等将神经网络方法应用于巷道支护决策的研究，提出了巷道支护设计与决策的新方法——基于神经网络的自学习和模式自适应识别的方法。该方法建立的人工神经元网络系统以实际支护方案为基础，从工程实例中学习支护决策的知识，在工程岩体地质特征与支护方案之间建立起智能推理网络，然后将其推广，以此类比出新开掘巷道的支护方案。推理结果表明，该网络在工程地质特征与支护方案间可以建立良好的推理关系，方法实用价值高，决策结果与实际相吻合。

陈国荣等基于神经网络原理，研发出适用于煤矿巷道的智能化系统；薛亚东等利用软件对 BP 神经网络算法进行编程分析，并应用于实际巷道设计中，研究结果表明通过该软件可以有效地判定巷道支护参数；韩凤山等基于神经网络，提出了煤巷锚杆支护设计与决策的新方法，可以准确预测煤巷锚杆的支护形式；许明利用 BP 神经网络的非线性映射能力对灰色系统中锚杆的极限承载力进行预测，其结果与实际数据基本吻合；朱川曲等通过对巷道调查研究发现，影响巷道支护的因素对于最终选定的支护方式有着非线性的关系，基于这一特点建立了神经网络模型，大大缩短了巷道开采的进程；刘明贵等通过从锚杆的动态响应中提取向量并生成样本数据，综合利用小波分析与人工智能技术，建立神经网络模型对样本数据进行学习测试，其结果显示，网络模型可以根据样本数据对支护效果的好坏进行预测；魏延诚、汪仁和及肖福坤等分别从不同角度出发，通过建立模型，将 BP 神经网络原理与计算机技术相结合，基于煤矿实际地质条件、围岩应力情况，研发出高效、可视化的煤矿巷道支护系统，将围岩有关数据输入到系统中而快速得到待预测巷道的支护参数，取得了良好的效果。

以上学者的研究均取得了较好的效果，其结果表明，通过将 BP 神经网络应用于煤矿巷道支护设计中，可以用于煤矿巷道支护参数的预测，这一研究对煤矿巷道支护技术的发展起到了推动作用。

5.5　基于工程类比煤矿巷道支护智能预测思路的提出

工程类比法在岩土工程设计中应用广泛，是解决岩土工程领域技术问题有效和实用的手段，许多重要岩土工程正是采用了工程类比法才取得设计成功。煤矿巷道地质条件复杂性和多样性特点，使得工程类比法成为巷道支护方案设计的关键技术手段。一些岩土规范也曾明确规定，在岩土工程设计中应采用工程类比法。但规范只是给出了参考意见，并未给出类比法的准确定义和具体技术操作方法。但该方法在工程实践中确实能发挥重要作用，尤其是在巷道支护这种对经验很倚重的工程设计问题上，工程类比法的使用尤其重要。因此，随着煤矿开采深度的增加和支护难度的加大，如何有效运用先进的技术手段更好得利用工程类比法是一个值得深入研究的课题。

在我国煤巷支护方案设计中，采用先进的技术手段丰富工程类比法的应用研究相对较少。基于最新发展的人工智能技术与工程类比法有机结合，作者开发出了工程类比煤巷支护计算机智能预测系统。系统对于工程类比法中类比的关键指标、典型工程案例的选取、类比的影响因素等进行分析和研究，为工程类比设计支护参数提供了科学的定量依据，使工程设计更合理有效和经济。

5.5.1　煤矿巷道支护设计传统工程类比法

类比推理是一种极为重要的人类思维形式。一般而言，类比设计主要参考类似工程的经验进行新项目的设计。煤矿巷道支护工程类比是基于成功支护的类似巷道工程经验，通过工程类比提出待开挖巷道支护参数。目前，我国绝大多数煤矿巷道支护工程设计依赖工程类比进行初始设计，属于定性设计的水平。究其原因是煤矿巷道复杂的地质条件和生产条件难以获取有效的工程信息，而经验性知识就起到了主导的作用。经过大量的实地调研和分析研究可知，我国现行的巷道支护工程类比设计中，一般是通过围岩分类这一单一关键指标比较来选择巷道支护类型和参数。这种传统的工程类比法有诸多弊端，主要体现在以下几个方面：

（1）工程类比指标选取简单且单一，不能有效进行实际工程类比，从而影响类比的实际效果。

（2）已有的经验性知识涉及范围有限，遇到工程技术新问题时可能判断失误。

（3）简单粗糙的经验方法做出的预测是定性的，一般偏于保守，不能完全满足合理、经济安全施工的效果。

工程类比不是简单的对比和比较，需要要经过大量的真实有效的样本数据来进行深入的对比和分析，而目前我国煤矿一线技术人员对这项技术的掌握还存在一定问题。

5.5.2 基于工程类比煤矿巷道支护人工智能的应用

以单纯的经验性或围岩分类为类比指标的传统类比设计法已不能满足设计定量、科学和合理的要求，为解决这个问题，行业领域学者们做出了积极的努力。周保生等提出了预测巷道围岩参数的人工神经网络预测法，构造了预测围岩参数的神经网络模型，预测结果证明，该模型具有很高的预测精度。为了改变大多数工程仍然依赖工程类比的经验方法的定性水平，李世辉基于典型类比分析法的相关程序，从理论和实践层面为初步解决这一问题提供了必要的技术条件。朱琢华等利用模糊经验法开展了锚喷支护工程类比研究，考虑锚喷支护的现有经验，提出了锚喷支护工程类比设计的模糊经验分析法。金峰等有效利用工程类比进行了小湾拱坝安全评价，解决了条件复杂、工程规模巨大的安全评价技术问题。汝佐等利用模糊数学的方法进行了分析，采用工程类比进行边坡工程的治理，取得良好效果。朱川曲、缪协兴等根据软岩的力学及物理性质，分析了软岩巷道稳定性的影响因素，在此基础上应用神经网络理论建立了软岩巷道支护方式优化及巷道变形预测模型。采用改进型算法增加了网络的学习速度，加快了网络的收敛，提高了模型的精度。

立足于当前研究成果和工程实际应用现状，利用最新发展的计算机开发技术，提出了基于人工智能技术典型案例工程类比法。该方法充分利用典型工程系统实践和完整的现场原位测试资料，将经验类比、现场量测、人工智能有机结合，坚持专业、实际、实用、操作简单的原则，开发出能在各个煤矿普及应用的煤矿巷道支护技术咨询设计智能化系统，可以在工程实用的前提下有效进行煤矿巷道支护方案预测。

5.6　基于工程类比煤矿巷道支护影响因素

5.6.1　工程类比法煤矿巷道支护设计智能预测实践基础

工程类比法的实践基础是煤巷支护典型工程设计施工具有成功实践经验的案例，是对同类围岩一般工程进行技术咨询的思路和方法的一种概括和总结。

（1）围岩稳定性分类是煤巷支护类比的基础。在围岩分类基础上，以同类围岩典型工程的成功经验和现场原位测试资料作为类比的基准。

（2）在众多的复杂的影响因素里面，选取关键的核心对比指标，便于尽快找出相同属性。

（3）依据预测系统的智能化、自适应、学习和自组织的特点，依靠系统的复杂程度，通过调整内部大量节点之间相互连接的关系，将典型案例的关键原始条件和支护参数完成具有规律性的信息提取和推理预测。

5.6.2　工程类比法煤矿巷道支护设计主要影响因素的确定

鉴于煤矿地质条件和生产条件的特殊性，煤矿巷道支护的工程类比可比度影响因素较多。但是，作为科学研究，考虑所有的影响因素会有实际困难，也不利于抓住事物主要矛盾来定量分析。确定这些因素主要从以下四个方面考虑：一是要保证其是巷道支护工程类比的主要影响因素，并且能定量表示；二是能反映巷道围岩稳定性的特点，对工程类比中支护形式和参数起决定性作用；三是基于生产应用的实际要求在煤矿生产条件下能容易测取，物理意义明确，便于技术人员使用；四是在能够满足实际工程应用的技术条件下，尽量控制影响因素指标的数量，充分体现技术人员操作的可行性和指标的实用性。

基于以上考虑，通过对不同矿区井下巷道工程生产条件和实际应用，总结我国巷道矿压与支护的实践经验和理论研究成果，并参考国内外有关巷道围岩稳定性影响因素的研究，应用权值分析法得出影响煤巷支护工程类比可比度因素，主要包括巷道顶板强度、底板强度、两帮强度、巷道埋深、直接顶初次垮落步距、巷道净宽、巷道净高等。

5.7　煤矿巷道支护神经网络预测系统结构设计

基于煤巷支护智能系统的特点和工程实际需求，系统采用自改进型神经网络为预测算法。模块化的系统结构主要包括人机接口、工程类比典型案例知识库、数据分析计算、智能预测、信息管理等组成，如图5-5所示。

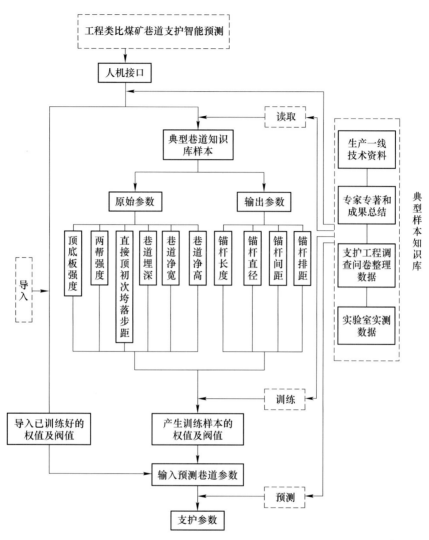

图 5-5　基于工程类比煤矿巷道支护智能预测系统结构

5.7.1　系统人机接口

人机接口是实现用户与系统、知识工程师与系统进行交互的窗口。该系统较大程度体现了界面友好、操作简单、实用的特点，是煤矿生产一线技术人员应用系统功能的平台（图 5-6）。

人机界面自主设计研发的系统功能按键，可以满足系统使用预测所需要的所有程序。各功能如下：

（1）读取功能。该功能是根据 BP 神经网络的运算原理，结合工程类比思

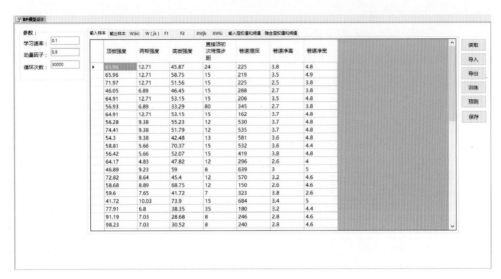

图 5-6 系统人机接口

想，对收集的各矿区典型巷道支护知识库样本进行调用，作为下一步神经网络训练的基础（图 5-7）。

图 5-7 神经网络预测系统读取功能界面

（2）导入功能。导入功能是相对已训练的 BP 神经网络而言，前提是系统已对典型巷道支护样本进行训练并保存各层的权值与阀值。使用时，将已保存的各层权值与阀值导入系统，输入待预测巷道支护数据，不经系统样本的学习训练直接对巷道进行支护设计。

（3）导出功能。将基于原始数据进行处理后的数据库进行导出，导出格式系统自动默认为 Excel 文件（图 5 – 8）。

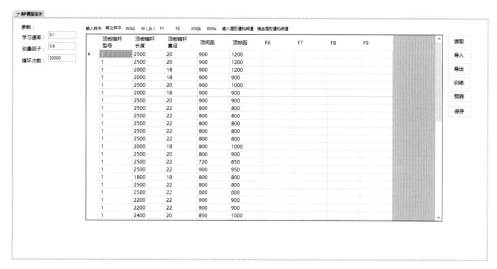

图 5 – 8 样本输出

（4）训练功能。训练功能是系统的主体功能，其主要原理是：利用 BP 神经网络算法，通过对已读取的典型巷道支护样本进行训练，利用 BP 神经网络所具有的非线性映射能力对样本进行归纳分析，找出其规律，并以输入层、隐含层权值与阀值的形式体现出来（图 5 – 9 和图 5 – 10）。

	1	2	3	4	5	6
▶	1.01288231414732	0.1882641980172	1.55325028358199	-1.83218972554807	-1.70888369339923	-0.71475545
	-0.171114739391286	-0.788564269459102	-0.884504716132178	-1.2743722290137	0.182431838589967	-2.00296812
	-0.73089082114517	0.0481850114328395	-0.696404365153285	1.07015549989738	2.00641595598354	0.496440343
	-2.17411771867793	1.14274549048349	0.465152365052279	0.44132363186929	0.152849293764307	-1.86335723
	-0.0414434850752919	1.0543505104935	-1.53337365547748	0.205129339589269	-0.339962974211369	-0.37443710
	-0.239237399539719	-0.482879637929291	1.07391298300997	2.01745503106741	-1.74616741400048	-2.17529455
	0.324480459525973	-0.528319790848159	1.39375251488638	-1.01547236597444	0.268347785674702	-0.13321443
	0.00128701598042402	0.333890639822594	-1.23481534941741	-0.404496250670109	-0.11518351522621	0.754155631
	0.897059317547819	-2.11984906255307	0.098635545811959	-0.904381799910813	-1.03560782375199	0.360705770
	0.172196072354519	0.457109236966174	0.0695442913376385	0.519902896222373	0.143445950273975	0.538645088
	0.184244253897092	-1.25613005276314	1.03091401456468	-0.219815452313793	-1.79856705598613	-2.34399523
	0.933110598450324	-0.850315452004074	-1.41265398625479	-0.0098312215087488	0.692809601444541	0.277414376
	-2.68033281801818	-0.0148253869491225	-0.3144095389975937	-1.29528188934273	3.73701169057785	2.942602261
	0.365389342426264	-0.508809008390415	0.165254711762107	0.951854712689023	-0.388381289664894	-0.31821640
	-0.287089648983201	-0.764109234554378	-1.18409762419762	-1.51706130324784	1.17314137327104	1.055062641
	-0.225350916558857	-0.634439348149658	0.700486675004817	-1.26510031345855	0.313960624357177	-0.56464855
	0.155210162762037	0.0969688975131885	0.457983140804481	-1.08571151011404	1.30771874701038	-1.53250250
	-0.36658031895192	0.884597790638482	0.960508294653119	0.862871083280661	0.918282699276258	3.195553308

图 5 – 9 W(Ki) 训练数据

图 5 – 10　F1 训练数据

（5）预测功能。基于已训练完成的典型样本，利用训练得到的各层权值与阀值对待预测巷道进行支护参数确定，得到有关支护数据，对预测完成的数据自动保存到数据库（图 5 – 11）。

图 5 – 11　输入层权值和阀值

（6）保存功能。对预测的数据及原始参数数据进行保存，保存训练结果可以进行选择，包括顶板、两帮及锚索选项等，如图 5 – 12 所示。

图 5 – 12 系统训练结果保存窗口

5.7.2 预测系统知识库

5.7.2.1 典型工程案例获取的主要依据

典型类比分析法是巷道支护设计工程中传统方法的继承和发展。工程类比主要考虑类比的样本，也就是参照物，这对于新开挖巷道的支护设计至关重要。基于煤巷支护工程类比法实现的具体特点，确定典型案例的主要依据包括：

（1）典型案例具有普遍适用性，其地质条件和生产条件均能代表一般巷道特点。

（2）确实能够体现出"典型"特点，且经过一定时间检验后表现为支护效果好、返修率低、围岩变形小等。

（3）典型案例各项支护技术指标齐全，能够为工程类比提供参考。

5.7.2.2 典型工程案例知识来源

系统建立的典型工程实例数据库，各种类型的典型巷道支护案例共 52 条。其数据来源包括以下几个方面：一是深入大型矿区生产一线，通过已开展科研项目取得第一手生产技术资料；二是参阅有巷道支护工程实例的文献；三是开展巷道支护典型案例调查问卷，由生产一线技术负责人填写，并分析和整理，调查问卷技术参数如图 5 – 13 （a）、（b） 所示；四是对开展科研项目相关巷道进行地应力测试，并通过实验室试验获取相关数据。

5.8 基于工程类比煤矿巷道支护神经网络预测系统建立

工程类比煤矿巷道支护神经网络预测子系统作为支护智能设计系统的一个模块，与围岩分类子系统共享巷道围岩物理参数及应力参数资源。在围岩稳定性分类的基础上，通过工程类比典型案例预测巷道初始支护方案。

该子系统基于工程类比典型案例及神经网络算法的原理运行，并不是直接调用 MATLAB 工具箱进行神经网络预测，而是采用 C#语言开发了类似于神经网络算法功能的独立运行模块，并且基于支护参数预测需要进行了修正设计。这种系统的架构设计更安全有效，满足工程类比支护预测的实际需求。系统的实际运行效果良好，是一个创新性的煤矿巷道支护初始方案预测技术。

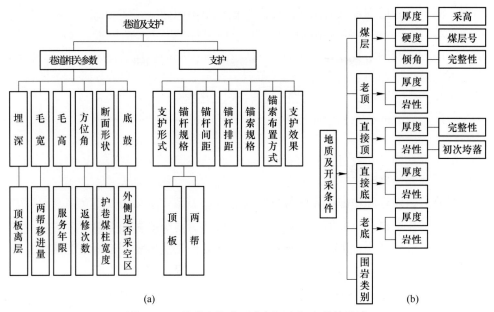

图 5 - 13　巷道支护典型案例调查问卷结构设计

5.8.1　神经网络预测参数确定及模型建立

5.8.1.1　神经网络结构设计

A　输入层和输出层的设计

输入层起缓冲存储器的作用，把数据源加到网络上。其节点数目取决于数据源的维数，即这些节点能够代表每个数据源，所以，最困难的设计判据是弄清楚正确的数据源。如果数据源中有大量未经处理的或者虚假的信息数据，那必将会妨碍对网络的正确训练。所以，要剔除那些无效的数据，确定出数据源的合适数目，大体上需要经过四步：第一步是确定与应用有关的数据；第二步是剔除那些在技术上和经济上不符合实际的数据源；第三步是剔除那些边沿的或者不可靠的数据源；第四步是开发一个能组合或预处理数据的方法，使这些数据更具有实用意义。

由上所述，影响巷道支护设计的因素很多，最终确定输入层参数节点为 7 个，分别为：围岩强度（包括顶板强度、两帮强度、底板强度）、岩体完整性（用直接顶初次垮落步距表示）、巷道埋深、巷道净宽及巷道净高。输出层数据即为利用系统所要得到的有关锚杆支护参数。通过学习调查霍州矿区巷道锚杆支护案例，确定需要的锚杆参数为：锚杆类型、锚杆长度、锚杆直径及锚杆间排距，定为输出层的参数节点。

B　隐含层设计

BP 神经网络有一个非常重要的定理：一个隐含层就足以实现任意判别分类

问题，两个隐含层则足以表示输入图形的任意输出函数。其实际上已经给了我们一个基本的设计 BP 神经网络的原则，即增加层数可以进一步降低误差，提高精度，但同时也使网络复杂化，从而增加了网络训练时间。而误差精度的提高实际上也可以通过增加隐含层中的神经元数目来获取，其训练效果也比增加层数更容易观察和调整。所以，一般情况下，应优先考虑增加隐含层中的神经元数目。根据支护设计问题的特点，为简化网络，降低训练网络权值的时间，本系统将网络的隐含层数设置为一层。

隐含层的神经元数目的确定是一个十分复杂的问题，往往需要根据设计者的经验和多次实验来确定，因而不存在一个理想的解析式来表示。隐含层的数目与问题的要求、输入和输出单元的数目都有着直接关系。隐单元数目太多会导致学习时间过长，误差不一定最佳，也会导致容错性差、不能识别以前没有看到的样本，因此，一定存在一个最佳的隐单元数。以下 4 个公式可作为选择最佳隐单元数时的参考公式：

(1) $\sum_{i=0}^{n} C_{n_i}^{i} > k$，其中 k 为样本数，n_1 为隐单元数，n 为输入单元数。如果 $i > n_1$，则 $C_{n_i}^{i} = 0$。

(2) $n_1 = \sqrt{n+m} + c$，其中，m 为输出神经元数，n 为输入单元数，c 为 [1，10] 之间的常数。

(3) $n_1 = \log_2 n$，其中，n 为输入单元数。

(4) $n_1 = 2n + 1$，为 Kolmogorow 定理。

还有一种途径可以用于确定隐单元的数目。首先，使隐单元的数目可变，或者放入足够多的隐单元，通过学习将那些不起作用的隐单元剔除，直到不可收缩为止。同样，也可以在开始时放入比较少的神经元，学习到一定次数后，如果不成功再增加隐单元的数目，直至达到比较合理的隐单元数目为止。

通过以上分析，选取输入层样本参数为 7 个。综合以上 4 个公式，并通过 MATLAB 神经网络工具箱进行模拟运算，拟定隐含层节点数目为 12 个。

C 初始值的选取

由于系统是非线性的，初始值对于学习能否达到局部最小和是否能够收敛的结果关系很大。一个重要的要求是：初始权值在输入累加时使每个神经元的状态值接近于零，权值一般取随机数，数值要比较小。输入样本也同样进行归一化处理，使那些比较大的输入仍落在传递函数梯度大的地方。

D 传递函数的选取

由前文可知，传递函数主要有三种形式：阶跃转移函数、线性函数与 S 型函数。由于 BP 神经网络所具有的可导性，导致阶跃转移函数不能满足要求，在实际运用中，主要以线性函数和 S 型函数为主。通过参考文献并经过多次模拟运算，可以确定输入层传递函数采用 S 型对数函数（logsig），输出层传递函数采用线性函数（purelin）可以达到较好的效果，能够逼近任意形式的非线性映射。本系统拟采用以上两种函数形式，并应用于支护设计中。两种函数表达式分别为：

$$f(x) = \frac{1}{1 + e^{-x}} \tag{5 - 11}$$

$$f(x) = c_1 x + c_2 \tag{5 - 12}$$

E　训练函数的确定

基于以上分析可知，标准的 BP 算法由于自身固有的缺陷，无法应用于实际案例中，因而有必要对标准 BP 算法进行改进。在这些改进算法中，最快捷、最有效的方法是 LM 算法。LM 算法是牛顿法的变形，用以最小化那些作为其他非线性函数平方和的函数，非常适用于性能指数是均方误差的神经网络训练。LM 算法相对别的方法来说优势较为明显，主要有以下几点：

（1）训练速度快，往往几十秒之内即可完成训练。

（2）训练精度高，误差相对较小，并保持在合理的范围之内。

（3）易于得到理想的结果。

5.8.1.2　系统神经网络结构图

系统神经网络预测结构如图 5 - 14 所示。

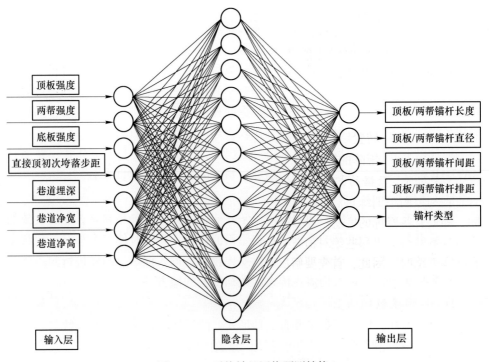

图 5 - 14　系统神经网络预测结构

5.8.2 基于 LM（Levenberg – Marquardt）算法的改进

LM 算法是为了在以近似二阶训练速率进行修正时避免计算 Hessian 矩阵而设计的。通过前文分析可知，LM 算法由于其良好的性能得到了广泛应用。基于此，煤巷支护智能设计系统采用 LM 算法对 BP 神经网络进行修改设定，以最终实现系统的支护设计。改进后的主要公式及流程按以下方法进行巷道支护样本训练与计算。

5.8.2.1 数据的预处理

输入 n 条巷道样本的信息，每条巷道 7 个指标，分别为顶板强度 $\sigma_顶$、两帮强度 $\sigma_帮$、底板强度 $\sigma_底$、直接顶初次垮落步距 L、巷道埋深 H、巷道净宽 B、巷道净高 N，即为一个 $n \times 7$ 的矩阵。

数据的预处理就是对巷道顶板强度、两帮强度、底板强度进行处理，即：

$$\sigma'_顶 = \frac{1}{\sqrt{\sigma_顶}} \tag{5 – 13}$$

$$\sigma'_帮 = \frac{1}{\sqrt{\sigma_帮}} \tag{5 – 14}$$

$$\sigma'_底 = \frac{1}{\sqrt{\sigma_底}} \tag{5 – 15}$$

5.8.2.2 数据的转置

由于神经网络的运算过程是以列为单元进行的，对于 p 个输入、p 个输出的样本，仅当其列数相等时才能进行，这就要求对数据进行转置，即样本行列互换，通常采用以下公式：

$$x_1 = x_1^T \tag{5 – 16}$$

$$t_0 = t_0^T \tag{5 – 17}$$

式中　x_1，t_0——转置后的输入、输出样本；

x_1^T，t_0^T——矩阵的转置。

5.8.2.3 数据的归一化

在神经网络训练过程中，由于参与分类的各个指标及其量纲和量级可能不同，即使有些指标的度量一样，但各指标绝对值大小不一样，若直接用原始数据进行计算就会突出那些绝对值较大的而压低了绝对值较小的指标的作用，特别是在样本训练时。因此，首先要解决数据大小问题。数据归一化采用以下方法：

$$X_i = \frac{x_i - x_{i,\min}}{x_{i,\max} - x_{i,\min}} \tag{5 – 18}$$

$$T_j = \frac{t_j - t_{j,\min}}{t_{j,\max} - t_{j,\min}} \tag{5 – 19}$$

式中　$x_{i,\min}$，$t_{j,\min}$——该行样本的最小值；

$x_{i,max}$，$t_{j,max}$——该行样本的最大值；

　　　X_i，T_j——归一化后的样本数据；

　　　x_i，t_j——上述转置后的样本矩阵。

于是，经过上述归一化处理后得到的样本数据 X_i、T_j 都被压缩在 $[0, 1]$ 闭区间内。

5.8.2.4　输入的前向传播

输入的前向传播与标准 BP 算法相同，将输入样本通过传递函数传递到隐含层，再经传递函数传递到输出层，并与输出样本对比，确定误差大小，以便误差的反向传递。

（1）输入层到隐含层的运算。运算过程为：

$$S_k^1 = \sum_{i=1}^n W_{ki} \cdot X_i^1 + b_k \quad (k = 1,2,\cdots,q) \tag{5-20}$$

$$f_1 : f_k^1 = \frac{1}{1 + e^{-s_k}} \tag{5-21}$$

输入层权值 W_{ki} 为随机产生的 $k \times i$（k 代表行数，i 代表列数）的（-1，1）之间的矩阵；输入层阀值 b_k 为随机产生的 $k \times 1$ 的（-1，1）之间的矩阵。k 为隐含层神经元数，f_k^1 即为最终得到的隐含层的值。运算时，将矩阵中的每一个元素代入公式中即可。

（2）隐含层到输出层的运算。运算过程为：

$$S_j^1 = \sum_{k=1}^q W_{jk} \cdot f_k^1 + b_j \quad (j = 1,2,\cdots,m) \tag{5-22}$$

$$f_2 : Y_j^1 = S_j^1 \tag{5-23}$$

式中　W_{jk}——随机产生的（-1，1）的隐含层权值；

　　　b_j——随机产生的（-1，1）的隐含层阀值。

经过该传递后可得与目标样本行列相等的输出矩阵。

（3）计算网络误差。系统采用均方误差（MSE）方法，先设定网络误差大小为 0.01，将所得到的输出结果与目标样本进行对比分析，以确定该误差与设定误差的大小。计算式如下：

$$E_p = \frac{1}{m} \sum_{j=1}^m (T_j^p - Y_j^p)^2 \tag{5-24}$$

$$E = \frac{1}{mp} \sum_{p=1}^p \sum_{j=1}^m (T_j^p - Y_j^p)^2 = \frac{1}{p} \sum_{p=1}^p E_p \tag{5-25}$$

式中，p 代表样本的数目；E_p 代表第 p 个样本的误差大小；E 表示样本误差总的大小，最终得到与目标样本误差的比值。将该误差与 0.01 进行对比，求出的累计误差 E 小于这个值时停止训练；若大于误差值则运行以下过程。

5.8.2.5　计算各层的敏感度

（1）隐含层敏感度 $R_{j,j}^p$：

$$R_j^p = -f_2'(S_j^p) \tag{5-26}$$

函数实质为 $f_2(\cdot)$ 对 S_j^p 进行求导。计算时，按样本数 p 进行，即当 $p = 1$ 时，得到 $j \times 1$ 的一列矩阵，将此矩阵排列为 $j \times j$ 的斜对角线矩阵，为最终的 R_j^1 的值；以此类推到 $p = p$，p 个样本的敏感度为 $j \times A$ 的矩阵。其中，$A = p \times j$，为具体数值。

（2）输入层敏感度 $R_{k,j}^p$ 为：

$$R_{k,j}^p = f_k^p (1 - f_k^p)(W_{jk})^T R_{j,j}^p \tag{5-27}$$

$R_{k,j}^p$ 为第 p 个样本中第 k 行第 j 列的值。一个样本为 $k \times j$ 的矩阵，p 个样本的敏感度为 $j \times A$ 的矩阵。计算均以单个样本为单位进行，最终得到 p 个样本的输入层敏感度，为 $k \times A$ 的矩阵。

5.8.2.6　雅可比矩阵的计算

定义误差向量 e_j^p 为：

$$\begin{matrix} e_1^1 & e_1^2 & e_1^3 & e_1^p \\ e_2^1 & e_2^2 & e_2^3 & e_2^p \\ e_3^1 & e_3^2 & e_3^3 & e_3^p \\ e_j^1 & e_j^2 & e_j^3 & e_j^p \end{matrix} \tag{5-28}$$

式中，$e_j^p = (T_j^p - Y_j^p)$，为输出样本与检验数据的差，p 为样本数目，j 为输出层节点数。

定义雅可比矩阵为 $\boldsymbol{J}$，其行数为 $A = p \times j$ 行，列数为 $B = k \times (i + 1) + j \times (k + 1)$ 列。J 矩阵的形式为：

$$\boldsymbol{J}_{A,B} = \left[\frac{\partial e_j^p}{\partial W_{ki}} \quad \frac{\partial e_j^p}{\partial b_k} \quad \frac{\partial e_j^p}{\partial W_{jk}} \quad \frac{\partial e_j^p}{\partial b_j} \right] \tag{5-29}$$

其中，$\dfrac{\partial e_j^p}{\partial W_{ki}} = R_{k,j}^p \cdot X_i^p, \dfrac{\partial e_j^p}{\partial b_k} = R_{k,j}^p, \dfrac{\partial e_j^p}{\partial W_{jk}} = R_{j,j}^p \cdot f_k^p, \dfrac{\partial e_j^p}{\partial b_j} = R_{j,j}^p$。

运算时按样本 p 进行，每个样本对应的敏感度 R 为 j 列。

5.8.2.7　权值及阀值的优化

修正公式为：

$$\Delta \boldsymbol{V} = (\boldsymbol{J}^{\mathrm{T}} \boldsymbol{J} + \mu \boldsymbol{I})^{-1} \boldsymbol{J}^{\mathrm{T}} \boldsymbol{e} \tag{5-30}$$

式中，$\boldsymbol{I}$ 为 $B \times B$ 的单位矩阵；$\boldsymbol{e}$ 为误差向量的竖向排列，即 $\boldsymbol{e} = \begin{bmatrix} e_j^1 & e_j^2 & \cdots \\ \end{bmatrix}$ $e_j^p \end{bmatrix}^{\mathrm{T}}$，为 $A \times 1$ 的矩阵；μ 为常数，可取为 0.1；上标 -1 为括号中求出的矩阵的逆矩阵；$\Delta \boldsymbol{V}$ 为求得的权值及阀值的变化率，运算时将各矩阵相乘即可，结果为 $B \times 1$ 的矩阵。

将 $\Delta \boldsymbol{V}$ 中各值按输入层权值、阀值，隐含层权值、阀值的原行列式排好，将数据的前 $k \times i$ 个值重新排列为 k 行 i 列的矩阵，即为输入层权值的变化率 ΔW_{ki}；其后 k 个值转置为 k 行 1 列的矩阵，为输入层阀值的变化率 Δb_k，其后 $j \times k$ 个值

排列为 j 行 k 列的矩阵，即为隐含层权值的变化率 ΔW_{jk}，最后 j 个值转置为 j 行 1 列的矩阵，为隐含层阀值的变化率 Δb_j。

将上述得到的权值及阀值的变化率与原值相加，得输入层权值及阀值的优化值为：

$$W_{ki}(l + 1) = W_{ki}(l) + \Delta W_{ki} \tag{5-31}$$

$$b_k(l + 1) = b_k(l) + \Delta b_k \tag{5-32}$$

隐含层权值及阀值的优化值为：

$$W_{jk}(l + 1) = W_{jk}(l) + \Delta W_{jk} \tag{5-33}$$

$$b_j(l + 1) = b_j(l) + \Delta b_j \tag{5-34}$$

式中，l 代表训练次数。

5.8.2.8　迭代计算

将更正后的输入层隐含层权值与阀值带入网络，用原训练样本再次进行训练，重复数据的归一化处理和输入的前向传播运算，得出预测误差 $E(l+1)$。若得到的预测误差 $E(l+1)$ 小于上一次预测误差 $E(l)$，则在权值及阀值优化步骤 7 中令 μ 除以 $\theta(\theta$ 取 2)，回到数据的归一化处理；若得到的预测误差 $E(l+1)$ 大于上一次预测误差 $E(l)$，则本次不更新权值及阀值，即 $W(l+1) = W(l)$，$b(l+1) = b(l)$，直接回到权值及阀值的优化处理，并令 μ 乘以 θ，直至预测误差小于设定误差或达到设定的循环次数（如 1000 次）时停止训练。

5.8.3　煤矿巷道支护参数预测

5.8.3.1　预测数据的前向传递

在对数据进行训练后得到各层权值及阀值，训练完成。接下来对待设计巷道参数进行预测分析。首先，对影响巷道支护设计的因素进行归一化处理，运行式（5-35）：

$$Z_i = \frac{z_i - x_{i,\min}}{x_{i,\max} - x_{i,\min}} \tag{5-35}$$

式中　z_i——影响巷道支护设计的因素；

$\quad\quad Z_i$——归一化之后的参数值；

$\quad\quad x_i$——原输入样本数据。

将待预测巷道的支护影响因素代入上述公式，即将顶板强度、两帮强度、底板强度、直接顶初次垮落步距、巷道埋深、巷道净宽、巷道净高有关数据代入，即可得归一化之后的指标。将该数据运行 BP 神经网络的前向传播过程，其中，输入层权值、阀值与隐含层权值、阀值为前述权值及阀值优化中所训练好的数据矩阵，将预测数据代入运算即可得到预测巷道支护参数。样本数据归一化见表 5-1。

表5－1　样本数据归一化

输　入　样　本						输　出　样　本			
顶板强度	底板强度	直接顶初次垮落步距	巷道埋深	巷道净宽	巷道净高	锚杆长度	锚杆直径	锚杆间距	锚杆排距
0	1.0000	0.2857	1.0000	0.6923	1.0000	1.0000	1.0000	0.2857	0
0.3024	0.9219	0.2857	0.7154	0.8462	0.7500	1.0000	1.0000	0.2857	0
0.5353	0.5060	0.2857	0.1330	0	0.5000	0.2857	0	0.6429	1.0000
0.4290	0.6650	0.2857	0.1255	0.7692	0.9583	1.0000	0.5000	0.6429	1.0000
1.0000	0.0407	0.0357	0.1685	0.2308	0.8333	0.5714	1.0000	0.6429	0.2500
0.8754	0	0.0357	0.1798	0.2308	0.8333	0.5714	1.0000	0.6429	0.2500
0.2601	0.5172	0.2857	0.5037	1.0000	0.9167	1.0000	1.0000	0.2857	0
0.6404	0.2138	1.0000	0.0562	0.5385	0.7500	1.0000	1.0000	0.2857	0
0.3164	0.2884	0	0.3240	1.0000	0	0.2857	1.0000	0.2857	0
0.5785	0.5111	0.1786	0.3184	0.9231	0.9167	1.0000	1.0000	0.2857	0
0.3001	0.8861	0.1786	0	0.0769	0.8333	1.0000	1.0000	0.6429	0.3750
0.4104	0.5411	0.2857	0.0225	0.9231	0.9167	1.0000	0.5000	0.6429	0.2500
0.3973	0.4233	0.1786	0.2734	0.0769	0.5833	0.2857	0	0.2857	0.5000
0.5503	0.3697	0.1786	0.7865	0.5385	0.8333	1.0000	1.0000	0	0.1250
0.0766	0.3930	0.2857	0.3652	0.1538	0.5000	0.2857	1.0000	0.6429	0.2500
0.0915	0.6705	0.0357	0.9157	0.3846	1.0000	1.0000	0.5000	0.2857	0.2500
0.4290	0.3801	0.6071	0.1404	1.0000	0.9167	1.0000	0.5000	0.6429	1.0000
0.2109	0.4655	0.2857	0.6742	0.3846	0.6667	0.8571	0.5000	1.0000	0.5000
0.4104	0.5411	0.2857	0.1049	0.7692	0.9167	1.0000	0.5000	0.6429	0.5000
0.2226	0.3052	0.2143	0.8071	0.8462	0.9167	1.0000	1.0000	0.2857	0
0.4061	0.0241	0.1786	0.3296	1.0000	0.5833	0.2857	0	0.2857	0.5000
0.0987	0.5526	0.2857	0.6554	0.3846	0.8333	0.8571	0.5000	0.4643	0.5000

5.8.3.2　预测数据的反归一化

上述程序进行完成后即进行反归一化，其过程与归一化运算相反，参考式（5－36）进行运算：

$$O = O_j(t_{j,\max} - t_{j,\min}) + t_{j,\min} \qquad (5-36)$$

式中　O_j——输入预测数据经过训练后得出的预测输出值；

　　　O——反归一化后得到的预测值；

　　　$t_{j,\max}$——原输出样本数据对应行数的最大值，$t_{j,\min}$与之类似。

利用该公式最终可得待预测巷道的支护设计参数。

5.8.3.3　数据转置

将上述得到的支护参数值进行转置，行列互换，即得到最终待预测巷道的支护参数。

$$O = O^{\mathrm{T}} \qquad (5-37)$$

式中　O——所得到的支护参数；

O^T——参数的转置。

经过上述运算，最终完成基于 LM 算法的改进 BP 神经网络公式，将此算法应用于计算机编程设计中，即可得到支护方案预测的实现。

5.9　基于神经网络预测系统操作流程

5.9.1　样本训练

5.9.1.1　影响因素的选择

系统默认影响煤巷支护设计的影响因素为顶板强度、两帮强度、底板强度、直接顶初次垮落步距、巷道埋深、巷道净宽、巷道净高 7 个指标，因此默认的列数是 7 列。用户也可以根据实际情况，在将要导入的 Excel 文件中增添指标值并添加相应的样本数据。

5.9.1.2　原始数据的读取和输入

可以在界面的表格中直接输入需要处理的数据，也可以点击界面下方的"读取"键，找到准备处理的数据文件（.xlsx），如图 5-15 所示。

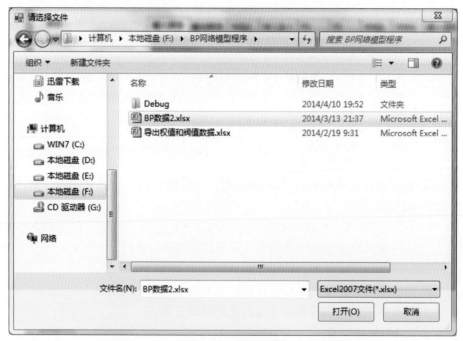

图 5-15　数据读取

5.9.1.3　输入层、隐含层权值及阀值的生成

将原始样本读取后，系统自动生成（0，1）之间的输入层、隐含层权值及阀值的随机值，即 $W(\mathrm{ki})$，$W(\mathrm{jk})$，如图 5-16 和图 5-17 所示。

| 输入样本 | 输出样本 | W(ki) | W(jk) | F1 | F2 | XWjk | XWki | 输入层权值和阈值 | 隐含层权值和阈值 |

	1	2	3	4	5	6
	1.01288231414732	0.1882641980172	1.55325028358199	-1.83218972554807	-1.708883693399023	-0.7147554
	-0.171114739391286	-0.788564269459102	-0.884504716132178	-1.2743722290137	0.182431838589967	-2.0029681
	-0.73089082114517	0.0481850114328395	-0.696404365153285	1.07015549989738	2.00641595598354	0.49644034
	-2.17411771867793	1.14274549048349	0.465152365052279	0.44132363186929	0.152849293764307	-1.6633572
	-0.0414434850752919	1.0543505104935	-1.53337365547746	0.205129339589269	-0.339962974211369	-0.3744371
	-0.2392373995339719	-0.482879637929291	1.073912983300997	2.01745503106741	-1.74616741400048	-2.1752945
	0.324480459525973	-0.528319790084598	1.39375251488636	-1.01547236597444	0.268347785674702	-0.1332144
	0.00128701598042402	0.333890639822594	-0.128481534941741	-0.404496250670199	-0.11518351522541	0.75415563
	0.897059317547819	-2.11984906255307	0.098635545811959	-0.904381799910813	-1.03560782375199	0.36070577
	0.172196072354519	0.457109238966174	0.0695442913376385	0.519902896222373	0.143445950273975	0.53864508
	0.184244253897092	-1.25613005276314	1.03091401456468	-0.219815452313793	-1.79856705598613	-2.3439952
	0.933110598450324	-0.850315452004074	-1.41265398625479	-0.0098132115067486	0.692809601444541	0.27741437
	-2.680332816018180	-0.0148258869491225	-0.314409538975937	-1.29528188934273	3.73701169057765	2.9426022
	0.365389342426264	-0.508809008390415	0.165254717621057	0.951854712364924	-0.388381289664894	-0.3182164
	-0.287089648983201	-0.764109234554378	-1.18409762419762	-1.51706130324784	1.17314137327104	1.05506264
	-0.225350916558857	-0.634439348149658	0.700486675004817	-1.26510031345855	0.313906024357177	-0.5646485
	0.155210162762037	0.0969689751318851	0.457983140804481	-1.0857115101114047	1.30771874701038	-1.5325025

图 5 - 16　输入层权值及阀值

| 输入样本 | 输出样本 | W(ki) | W(jk) | F1 | F2 | XWjk | XWki | 输入层权值和阀值 | 隐含层权值和阀值 |

	1	2	3	4	5	6
►	1.76228916992012	-0.155620425372984	0.662335500002002	-0.488563572795287	-1.00445557946793	-0.8584020590
	1.75220643774037	-1.15103495609182	-1.61047231614043	1.09124851179404	0.560243333754107	-1.7202351507
	0.301666053628433	-1.31086914536421	-0.750800593087643	1.99204568475998	-0.173799633034821	1.7806479799
	-0.508250226062849	-0.195962904176414	0.381700321878451	-0.429508203114732	-1.6704444826561	0.8532201959

图 5 - 17　输出层权值及阀值

5.9.1.4　传递函数的确定

传递函数分为输入层传递函数与隐含层传递函数，系统默认输入层为 S 型对数函数（logsig），用 F1 表示，隐含层采用线性函数（purelin），用 F2 表示，如图 5 - 18 和图 5 - 19 所示。系统在运算过程中自动生成数据。

| 输入样本 | 输出样本 | W(ki) | W(jk) | F1 | F2 | XWjk | XWki | 输入层权值和阀值 | 隐含层权值和阀值 |

	1	2	3	4	5	6
►	0.823474703965206	0.784245272492888	0.737067977034526	0.678128802025626	0.79031616018243	0.68099274
	0.643505419526591	0.692709619034704	0.631943414109678	0.609226058274382	0.680602702913541	0.45710005
	0.27459348263383	0.304116137704754	0.232691612248171	0.340895170809343	0.282369656561014	0.27998538
	0.154039401560518	0.172969311266318	0.3457246407502	0.253851235587964	0.170106937844541	0.44763792
	0.40821768444379	0.463196607381257	0.54908032118452	0.548586409328245	0.456670351849676	0.30292629
	0.0915364056430549	0.0885924891745727	0.226834051733706	0.191025370896574	0.0972545395170551	0.21685375
	0.90493655347265	0.902664603044439	0.709333793018259	0.75243685171374	0.891676470744894	0.82962814
	0.655702801679724	0.675703326120849	0.580716058313511	0.658897474840568	0.651113823217449	0.83973806
	0.0717715058720259	0.0748195012303485	0.210972583563749	0.211184970317714	0.0824802835360972	0.23752360
	0.339014886678699	0.201683086446939	0.219514137432523	0.244514455155516	0.230821091722493	0.57665176
	0.153985136060428	0.179799642047916	0.388144041184	0.284867512340609	0.198022383289351	0.26403442
	0.251114222851286	0.241125360066324	0.224622723664261	0.305230369540379	0.256358992915359	0.21484667
	0.0886838735187826	0.0788322260940899	0.142920187227349	0.173462663193616	0.0886836678133854	0.31982509
	0.207890455032779	0.156097094667177	0.162294780572146	0.241696200540643	0.181684747652	0.15243899
	0.601945820299	0.688917451710175	0.729910348488605	0.733756255435376	0.664192423480428	0.61278188
	0.5905200019155399	0.678799875200481	0.719016737146095	0.646203328751592	0.658734498027664	0.61587624

图 5 - 18　输入层传递函数

输入样本	输出样本	W(ki)	W(jk)	F1	F2	XWjk	XWki	输入层权值和阀值	隐含层权值和阀值

	1	2	3	4	5	6
▶	0.968290949026379	1.07985263626674	0.316903472506506	0.352273279322817	1.02076572103837	0.3636545580
	0.55657097748495	0.72328411206394	0.13312954554618	-0.115209454247876	0.669225036744564	0.0542735587
	0.564271333215426	0.542951040636923	0.607405953294686	0.781096711574352	0.5783106122223944	0.6198352281
	0.505830167365618	0.525962890745766	0.7158775441812	0.559476948203735	0.486494148921293	0.2626578790

图 5 - 19　隐含层传递函数

5.9.1.5　相关参数的确定

目前，系统需要输入的参数包括学习速率、动量因子和循环次数，可根据实际情况修改，如图 5 - 20 所示。其他参数采用系统默认的方式。

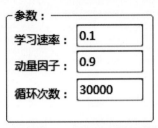

参数：

学习速率：　0.1

动量因子：　0.9

循环次数：　30000

图 5 - 20　学习速率、动量因子和循环次数输入

5.9.1.6　计算过程及结果

进行完以上步骤后，点击界面右方"训练"键，系统便根据相关设定进行计算，经相应步骤或达到设定误差后运算完成，如图 5 - 21 所示。

信息输出区

输出信息

[2014年06月07日 - 16:35:10] [----- 初始E值：4.13140947191615 -----]

[2014年06月07日 - 16:36:27] [----- E=0.0230322196067994,循环次数30001 -----]

图 5 - 21　数据运算结果

经上述步骤后得到计算结果，所得结果以输入层权值和阀值、输出层权值和阀值的形式体现，如图 5 - 22 和图 5 - 23 所示。

5.9.1.7　计算结果的保存

如果计算结果达到预期，可以点击"导出"键，将计算结果保存成 Excel 文件，以便以后使用，如图 5 - 24 所示。

5.9.2　支护参数预测

5.9.2.1　待预测巷道相关参数的输入

方法 1：利用上述所训练的样本得到的结果。点击表格上方输入样本，进入输入界面，如图 5 - 25 所示。

| 输入样本 | 输出样本 | W(ki) | W（jk） | F1 | F2 | XWjk | XWki | 输入层权值和阀值 | 隐含层权值和阀值 |

	1	2	3	4	5	6	7
	-0.6401565679...	-0.6359994179...	0.8573547644...	-0.6395071650...	-1.36472990294...	-0.3555165436...	-0.3916683762...
	0.3512869768...	0.5357608885...	0.0005426042...	-0.6138961126...	-0.48796793519...	-0.0974353768...	-0.3369551813...
	0.5132229530...	-0.0577837419...	0.5358624501...	0.08367536399...	0.13971755281...	0.42758714189...	0.18123223783...
▶	-0.2845134522...	-0.3648292973...	0.4120472475...	0.61137058313...	-0.43270257285...	0.61210612950...	-0.9885418898...
	-1.1844738442...	-0.3994843257...	-0.5088580838...	-1.1696915902...	0.48466418934...	0.86490232916...	-0.0781997274...
	-0.4223906063...	1.7208433241...	-0.7011215943...	-0.0337122575...	0.79241302807...	0.08555917865...	0.73681442842...
	0.3440945672...	-0.1477814692...	1.2055664389...	-1.3356251868...	-0.35742190380...	-1.8532276451...	0.19503658838...
	0.1763840930...	-0.1646756460...	-0.6829933835...	1.48793913104...	-0.81943860109...	-0.0047648818...	0.72241746224...
	-0.4972237664...	-0.4330752752...	-0.3633827059...	0.41915326383...	0.86569057091...	-0.0213495014...	-0.2103340086...
	-0.0077288879...	-0.5997541371...	-1.3145386009...	-0.1390467630...	0.06898574372...	0.40995789162...	-0.3031469071...
	0.0984267169...	0.1041129304...	-0.0135898354...	0.95086561819...	0.12255566413...	-0.2219807869...	0.67127737646...
	0.4063734089...	0.0810377691...	0.4685655593...	-1.4248662527...	0.45598931155...	0.03446559867...	0.30563095921...
	0.2664005971...	0.9590388077...	-0.3495743421...	-0.0112969412...	-0.19720333912...	1.08515406386...	-0.2101829713...
	0.7938314087...	0.6203165484...	-0.0818311012...	0.43070445090...	0.77613595230...	-0.1365867661...	-1.26190601368
	-0.1490943851...	-0.6940002648...	0.2670894502...	0.40523409996...	-0.95671936323...	-1.3516074117...	-0.8074003563...
	-0.4795570823...	0.7437592946...	0.4978278456...	-3.0334359568...	3.45265105718...	2.02671898835...	-1.1964166166...
	-0.2847693486	0.4888635573	0.2242461808	-0.9701799005...	0.29354683587	0.34552408120	0.08527739420

图 5－22 输入层权值和阀值

| 输入样本 | 输出样本 | W(ki) | W（jk） | F1 | F2 | XWjk | XWki | 输入层权值和阀值 | 隐含层权值和阀值 |

	1	2	3	4	5	6	7	8	9
▶	-0.941542037...	-0.793060801...	-0.142261666...	-0.08532438...	0.754391919...	1.175607564...	-1.406929056...	-0.797728632...	-0.063188
	-0.777900095...	0.5705318751...	-0.295978522...	-0.20091808...	-0.38440174...	-0.20683745...	-1.198017777...	1.288314106...	-0.339582
	-0.467842714...	-0.654678915...	0.844080850...	0.01272532...	0.965014995...	-0.84825603...	-1.154218603...	-0.287734995...	-0.669115
	-0.543370650...	1.1491177044...	0.105132089...	-0.95573664...	1.194424219...	0.790413448...	-0.224284590...	-0.632428303...	0.2169424

图 5－23 输出层权值和阀值

图 5－24 计算结果保存

图 5 - 25　数据输入界面

根据待预测巷道的实际工程地质条件，在"输入样本"一栏中填入该巷道的顶板强度、煤层强度、底板强度、直接顶初次垮落步距、巷道埋深、巷道高、巷道宽 7 项指标，如图 5 - 26 所示。

图 5 - 26　参数输入

方法 2：利用原保存的结果直接输入权值及阀值。打开系统后，直接点击"导入"键，可导入已训练好的权值及阀值，如图 5 - 27 所示。

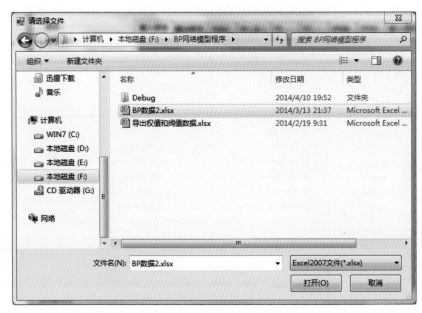

图 5 - 27　权值及阀值导入

其余训练过程同方法 1 中所示，即将待预测数据输入到系统中。

5.9.2.2 预测计算结果

点击界面右方的"预测"按键，便可以得到该巷道的锚杆支护参数，图 5 – 28 最下方一行数据即是预测计算结果。

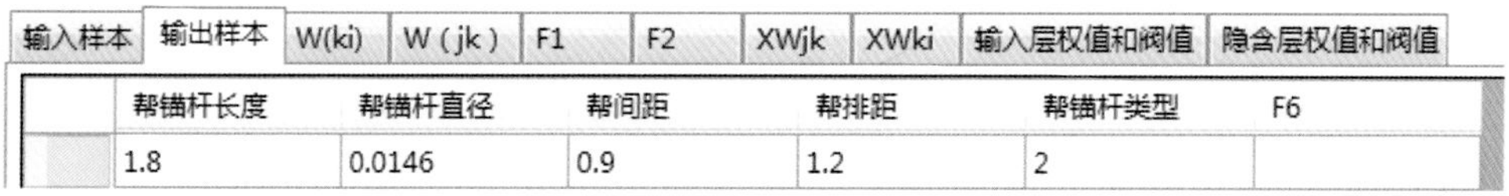

输入样本	输出样本	W(ki)	W(jk)	F1	F2	XWjk	XWki	输入层权值和阀值	隐含层权值和阀值
	帮锚杆长度	帮锚杆直径	帮间距	帮排距	帮锚杆类型	F6			
	1.8	0.0146	0.9	1.2	2				

图 5 – 28　预测计算结果

5.10　支护设计神经网络预测系统部分功能代码

```
///  < summary >
///  初始化输入输出样本
///  </ summary >
///  < param name = "ds" > </ param >
public void initData( DataSet ds)
{
    this. P  =  ds. Tables["in"]. Rows. Count;
    this. N  =  ds. Tables["in"]. Columns. Count;
    this. M  =  ds. Tables["out"]. Columns. Count;
    this. inData  =  new double[P, N];
    this. outData  =  new double[P, M];
    for (int i  =  0;i  <  P;i + + )
    {
        for (int j  =  0;j  <  N;j + + )
        {
            this. inData[i,j]  =  Convert. ToDouble( ds. Tables["in"]. Rows[i][j]);
        }
    }
    for (int i  =  0;i  <  P;i + + )
    {
        for (int j  =  0;j  <  M;j + + )
        {
            this. outData[i,j]  =  Convert. ToDouble( ds. Tables["out"]. Rows[i][j]);
        }
    }
    //随机产生的输入层权值和阀值,最后一列为阀值
    this. Wki  =  BPAnalyze. getW( this. P, this. N + 1);
```

```
        //随机产生的输入层权值和阈值,最后一列为阀值
        this. Wjk = BPAnalyze. getW( this. M, this. P + 1);
    }
    /// < summary >
    /// 初始化 DataGridView
    /// </summary >
    /// < param name = "data" > </param >
    /// < param name = "dataGridView" > </param >
    public void initDataGridView( double[ ,] dataArray, int r, int c, DataGridView dataGridView)
    {
        dataGridView. Columns. Clear( );
        dataGridView. Rows. Clear( );
        if (r < = 0)
        {
            return;
        }
        DataGridViewColumn[ ] colS = new DataGridViewColumn[ c];
        for (int i = 0;i < c;i + +)
        {
            DataGridViewTextBoxColumn col = new DataGridViewTextBoxColumn( );
            col. HeaderText = String. Format( "{0}", i + 1);
            colS[ i] = col;
            col. Width = 150;
        }
        dataGridView. Columns. AddRange( colS);
        dataGridView. RowCount = r;
        for (int i = 0;i < r;i + +)
        {
            for (int j = 0;j < c;j + +)
            {
                dataGridView[ j, i]. Value = dataArray[i,j];
            }
        }
    }
```

⑥ 基于 FLAC³ᴰ 煤矿巷道支护设计智能优化

6.1 FLAC³ᴰ概述及其在煤矿中的应用

6.1.1 FLAC³ᴰ简介

FLAC³ᴰ是由美国 Itasca 公司开发的有限差分软件，可用于土质、岩石和其他材料的三维结构受力特性模拟和塑性流动分析。FLAC³ᴰ采用"显式拉格朗日算法"、"混合 – 离散分区"技术，能够非常准确地模拟材料的塑性破坏和流动。由于无需形成刚度矩阵，因此基于较小内存空间就能够求解人范围的二维或三维工程问题。由于采用了自动惯量和自动阻尼系数，克服了显式公式存在的小时间步长的限制以及阻尼问题，所以 FLAC³ᴰ在解决岩土工程问题上具有很大的优越性。

在模拟岩石、混凝土等脆塑性材料的变形、破坏、失稳等方面，FLAC³ᴰ以其强大的功能，能够渐进模拟岩土工程大变形的整个过程，用应力作用范围、塑性变形范围、应力大小、应力方向、位移等参数显示变形、破坏等现象。因此，FLAC³ᴰ在国际土木工程（尤其是岩土工程）等学术界、工业界具有广泛的影响和良好的声誉，被广泛应用于边坡稳定性评价、支护设计及评价、地下硐室、施工设计（开挖、填充等）、河谷演化进程再现、拱坝稳定分析、隧道工程、矿山工程等多个领域。

FLAC³ᴰ程序能较好地模拟地质材料在达到强度极限或屈服极限时发生的破坏或塑性流动的力学行为，特别适用于分析渐进破坏和失稳以及模拟大变形。其主要有如下特点：

（1）应用范围广泛，可以模拟复杂的岩土工程和力学问题。FLAC³ᴰ包含了10 种弹塑性材料的本构模型，有静力、动力、蠕变、渗流、温度 5 种计算模式，各种计算模式间可以互相耦合，以模拟各种复杂的工程力学行为。该程序可以模拟多种结构形式，如岩体、土体或梁、锚杆、桩、壳及人工结构如支护、衬砌、锚索、岩栓、土工织物、摩擦桩、板桩等其他材料实体。另外，FLAC³ᴰ设有界面单元，可以模拟节理、断层或虚拟的物理边界等。

（2）FLAC³ᴰ有强大的内嵌程序语言 FISH，用户可以定义新的变量或函数，以适应用户特殊需要。运用 FISH 语言，可以设计特殊单元网格；可以在计算中进行伺服控制；可以自定义特殊边界条件；可以在计算中调整节点或单元的参数，如坐标、位移、速度、材料参数、应力、应变等。

（3）FLAC^{3D} 具有强大的前后处理功能。FLAC^{3D} 具有强大的自动三维网格生成器，内部定义了多种基本单元形态，可以生成非常复杂的三维网格。在计算过程中用户可以用高分辨率的彩色或灰度图或数据文件输出结果，以对结果进行实时分析；图形可以表示网格、结构以及有关变量的等值线图、矢量图、曲线图等；可以给出计算域的任意截面上的变量等值线图和矢量图。

FLAC^{3D} 中不同模型的特性及应用范围如表 6 - 1 所示。

表 6 - 1　FLAC^{3D} 中不同模型的特性及应用范围

模　型	材　料　特　性	实　际　应　用
空模型	空	孔洞，开挖，回填
线弹性模型	均匀各向同性的线性本构关系	低于强度极限的人工材料
正交各向同性弹性	正交各向同性	不超过强度极限的玄武岩
横观各向同性弹性	横观各向同性	不超过强度极限的层状材料
D - P 模型	极限分析，低摩擦角的软黏土	用于和隐式有限元程序比较
M - C 模型	松散状和黏结状散体材料，土体，岩石，混凝土	通用岩土力学模型
应变硬化/软化 M - C 模型	具有非线性硬化/软化行为的粒状散体材料	破坏后研究
遍布节理模型	具有强度各向异性的层状材料	松散沉积地层中的开挖
双线性应变硬化/软化遍布节理模型	具有非线性硬化/软化行为的层状材料	层状材料破坏后研究
双屈服面塑性模型	压应力可引起不可恢复体积缩小的低黏结性的粒状材料	水力回填材料
修正剑桥模型	变形和抗剪强度是体积变化函数的材料	黏土
Hoek - Brown 模型	各向同性岩石材料	岩石

6.1.2　FLAC^{3D} 在煤矿巷道设计中的应用现状

FLAC^{3D} 凭借其在岩土工程方面优越的数值分析计算功能，广泛应用于煤矿巷道设计分析，尤其是在巷道支护方案的确定中，起到了重要的理论分析和指导作用。具体来讲，FLAC^{3D} 程序在煤矿巷道设计中的应用有：隧道、矿山巷道等地下工程的变形与破坏分析，巷道等地下工程衬砌、锚杆、锚索、土钉等支护结构的分析，采矿工程中的动力作用与震动分析，液固耦合相互作用分析和回采巷道锚杆支护影响因素的分析等。

数值模拟计算可以考虑多种影响支护巷道围岩变形、受力破坏的因素，详细计算分析锚杆受力情况，并通过相关多种方案的比较，优化支护参数。该方法具有较高的科学性、合理性和理论丰富性。然而，尽管 FLAC^{3D} 有着强大的计算功能，能够较好地模拟材料的力学行为，但其也存在着明显的不足。在煤矿巷道设计现场应用方面，这些不足主要体现在以下两个方面：

（1）运用 FLAC³ᴰ进行数值模拟运算需要大量的工程及地质数据，其中有些数据，如巷道断面尺寸、埋深等，现场较容易获得；而另一些数据，如地应力大小、方向等，如果不进行专门的实验测试，对于现场工程技术人员来说则较难获得。

（2）目前，FLAC³ᴰ建立计算模型时仍然采用键入数据/命令行文件方式，是一种基于 DOS 命令行的黑箱形式的建模。对于现场没有接受过专门 FLAC³ᴰ培训过的工程技术人员来说，这种建立模型、编写脚本的工作也较为困难。

以上两点不足是导致在煤矿现场生产实际中，特别是在模拟复杂的地质模型和施工过程中，造成三维模拟计算时间长、难度大的主要原因，也是 FLAC³ᴰ在生产现场广泛使用的主要阻碍。

6.2 基于 FLAC³ᴰ煤矿巷道支护优化系统总体设计

6.2.1 系统需求分析

煤矿巷道支护的设计一般采用理论计算、数值计算、现场实验和现场经验等方式，设计巷道支护方案。传统的设计方法具有精确度差、设计工期长、查阅资料困难等缺点。近年来，随着计算机技术的发展，计算机技术被引入巷道支护领域中，以改善设计中的不足，使巷道支护技术向着更科学的方向发展。计算机技术在巷道支护领域中的应用较晚，煤矿工作人员有责任进一步加强计算机技术在巷道支护领域中的具体应用，改善传统设计中所面对的缺点，以达到巷道设计的准确无误、省力省时、安全可靠。数值模拟优化系统设计就是把某些具体的支护体种类的参数、设计与出图都通过计算机来实现，这样不但可以使工作人员减轻工作负担，还可以使各项工作更加正确，减少人为的误差和错误，使设计人员可以把主要的精力放在方案的比较和各种参数的确定上，还可以对以前类似工程加以比较，找出其中的差距，提高设计水平和巷道支护质量。

煤矿巷道支护优化系统是 C#语言开发平台，SQL Server 作为后台数据库，结合内嵌 FLAC³ᴰ软件共同运行的，可以进行支护参数的设计、验证和改进。应用该巷道支护设计系统，设计施工人员可以根据现场的实际情况，及时合理地调整巷道支护设计施工方案，同时也可使设计施工人员有参照、有对比，以提高设计施工质量。

6.2.2 系统结构设计

6.2.2.1 系统实现目标

煤矿巷道支护优化系统设计主要包括巷道围岩参数的输入、煤矿巷道支护参数的设计、巷道围岩稳定性分析等几部分。煤矿巷道支护参数是通过前面得到的，结合煤矿现场人员的经验，可以对煤巷支护参数进行调整，通过接口程序生成 FLAC^{3D}的可执行文件，调用内嵌式 FLAC^{3D}进行数值分析，生成煤巷支护稳定性分析报告。

6.2.2.2　系统结构设计

系统结构设计主要包括原始参数输入、模型建立、模拟计算、方案优化和模拟报告自动输出。其特点：一是模块化结构设计，利于系统管理、升级和完善；二是设计操作简单、易行，基本数据仅为几何图形数据点，提高了数值模拟的频度；三是有利于充分发挥理论分析、工程类比法与 FLAC^{3D}的有机结合。系统结构如图 6 - 1 所示。

（1）原始参数输入。原始参数输入条件主要包括巷道断面、工程地质、围岩地质、围岩应力等。这些参数的主要特点是能够充分满足系统推理需要，相关参数物理意义明确，在现有条件下容易获取，便于工程实际操作应用。系统流程化和集成化程度非常高，信息交互功能强大，原始参数的数据均会保存在各子系统共享的数据库，为围岩分类、支护设计及数值模拟预测功能的计算和推理提供了支持。

（2）接口程序开发。结合 FLAC^{3D}内嵌语言 FISH，通过 C#语言开发接口程序，输入参数通过接口程序生成 FLAC^{3D}可执行的数据文件。有效数据文件是其核心内容之一，要建立反映问题各参量之间的微分方程及相应的定解条件，这是数值模拟的基础。基于巷道支护智能设计系统研发需求和模型特点，结合具体煤巷的工程地质条件，生成不同的有效数据文件。

（3）数值计算运行。通过内嵌 FLAC^{3D}应用程序调用计算模块的可执行数据文件，按照程序设定顺序进行数值计算。

1）生成围岩单元模型，进行围岩分层并输入相应的围岩参数，设定模型位移或应力边界条件，通过数值计算达到初始平衡。

2）巷道开挖后及时施加支护，巷道围岩发生变形，支护结构也逐步发挥其作用，并最终达到平衡，进而生成数值模拟结果。

（4）稳定性分析报告生成。通过内嵌 FLAC^{3D}应用程序调用提取模块的可执行文件，提取数值模拟结果的所需图片和监测数据。

1）在巷道围岩表面设定变形监测点提取围岩变形监测数据、围岩变形监测曲线图等，在支护结构上设置监测点提取支护结构受力监测数据、支护结构监测曲线图等。

2）提取巷道围岩变形云图、巷道围岩应力云图、巷道围岩塑性区分布图等。

3）提取巷道锚杆锚索受力分布图、混凝土喷层应力云图、刚性支架受力分布图等。

系统通过与 Word 程序的接口将巷道矿压图片和数据输入"巷道支护稳定性数值分析" Word 模板的相应位置，并根据已设定的巷道稳定性阀值，判定巷道

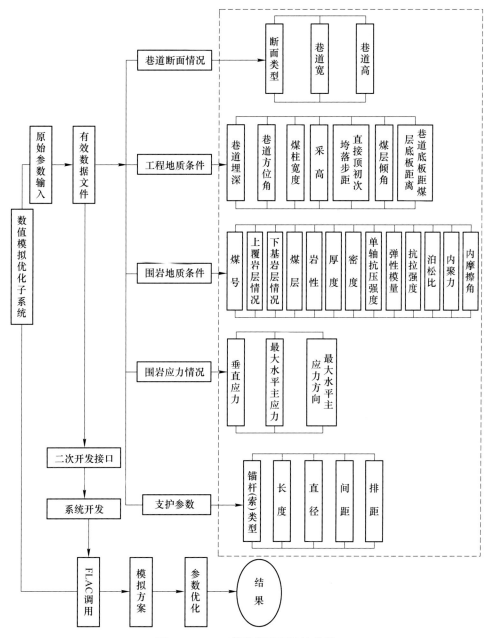

图 6－1　FLAC³ᴰ模拟子系统结构图

支护的稳定性，进而形成煤巷支护稳定性分析报告，有针对性地提出巷道支护方面的相关建议。

（5）支护参数优化。结合专家建议和工程技术人员的现场经验，确定巷道支护优化的关键影响因子，并列出巷道支护优化方案，形成支护优化的序列可执行数据文件，逐个调用进行数值计算，生成序列可执行文件的数值模拟结果，并提取巷道矿压监测点的位移数据和支护结构受力数据，进行比较并形成监测数据变化曲线，进行经济效益的优化分析，并最终形成较为优化的煤巷支护方案。

6.2.3　系统功能设计

6.2.3.1　系统与 FLAC³ᴰ 接口设计

A　数值模拟子系统开发环境

数值计算方法作为巷道支护设计一种技术手段，具有较高的可行性和合理性，大量的工程实践证明了其在巷道支护设计中发挥的重要实际作用。系统基于围岩分类和神经网络预测的初始方案，在后台知识库设计众多方案的基础上进行方案的优选。主要是基于分析功能强大的 FLAC³ᴰ，利用 C# 语言以及 FLAC³ᴰ 接口程序进行开发，所有本构模型均以动态链接库的形式提供给用户，系统会自动调用用户指定的动态链接库 DLL 文件，实现建模的直观、快速和自动化。系统界面友好、简洁、直观，用户不需要具备任何 FLAC³ᴰ 相关知识和使用技术，只需按照系统要求输入或选择相关原始数据，系统便可自动进行方案模拟。

B　FLAC³ᴰ 与系统平台的接口设计

巷道支护智能设计系统基于 FLAC³ᴰ 接口技术的研发，主要研究和解决了高效、科学应用 FLAC³ᴰ 系统进行巷道支护方案模拟的各项条件。利用接口技术主要实现了以下系统关键功能：

（1）数据信息的共享。实现了各子系统之间数据信息的共享和交换功能，有效满足了 FLAC³ᴰ 运行所需要的所有基础数据和力学条件。巷道断面参数、工程地质条件、围岩地质条件、围岩应力等参数数据均可以由各个子系统共享和使用，一方面提高了系统运行的效率，另一方面完全满足各子系统对相关数据的需求。

（2）基于 FISH 函数二次开发。FISH 为 FLAC³ᴰ 的内嵌语言，通过一个 FLAC³ᴰ 数据文件输入的程序被转换成存储在其内存里的一列指令，是 FLAC³ᴰ 系统开放性的主要体现。其编写的程序不但可以嵌入到命令流文件里，而且还可以引用 FLAC³ᴰ 本身的任何命令，突破了一般标准程序代码的限制，实现了用户对 FLAC³ᴰ 系统的完美控制。

FISH 语言可以使用户通过 FLAC³ᴰ 解决那些用户通过已经存在的代码难以解决或不能解决的问题，用户也可以编写自己的函数来扩展 FLAC³ᴰ 的功能。FLAC³ᴰ 自动建模算法设计正是充分利用了 FISH 从文件读、写数据的能力。

6.2.3.2　系统控制功能设计

系统的启动界面上显示"煤矿巷道专家支护系统"，使用者在用户界面使用相应的用户名和密码，即可进入系统。系统多采用 Command 控件响应 Click（）事件，完成一系列的操作。主界面与视窗操作系统下的应用软件保持风格一致，通俗直观，易于操作，能够使用户在较短的时间内学会该系统的使用，如图6－2所示。

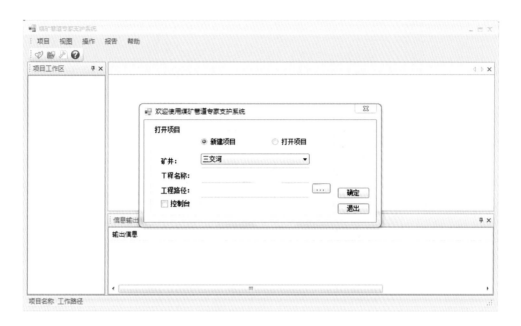

图6－2　系统主界面

6.2.3.3　巷道围岩参数功能设计

用户登录后就进入了巷道参数输入界面，如图6－3所示。使用者可以根据现场实际情况输入所需的巷道参数，在部分参数不确定或者难以测定的情况下，可以点击"调入推荐值"，系统会根据内置知识库和推理机提供可能的参数。点击"数值模拟"按钮，系统进入下一步。

A　巷道参数输入

如图6－4所示，巷道参数输入界面提供了不同巷道断面形状，可以根据实际需求通过下拉菜单进行选择。考虑到工程实际，当巷道的左右帮高度不同时，巷道宽度、巷道高度可以分别输入数据，提高了系统的灵活性和人性化。

B　工程地质条件

在进行数值模拟分析时，需要提供必要的工程地质条件参数。根据系统实际需要，要求输入的参数包括：巷道埋深、巷道方位角、煤柱宽度、采高、直接顶初次垮落步距、煤层倾角以及巷道底板距煤层底板的距离。该参数需要用户根据实际测试数据手动输入，参数输入界面如图6－5所示。

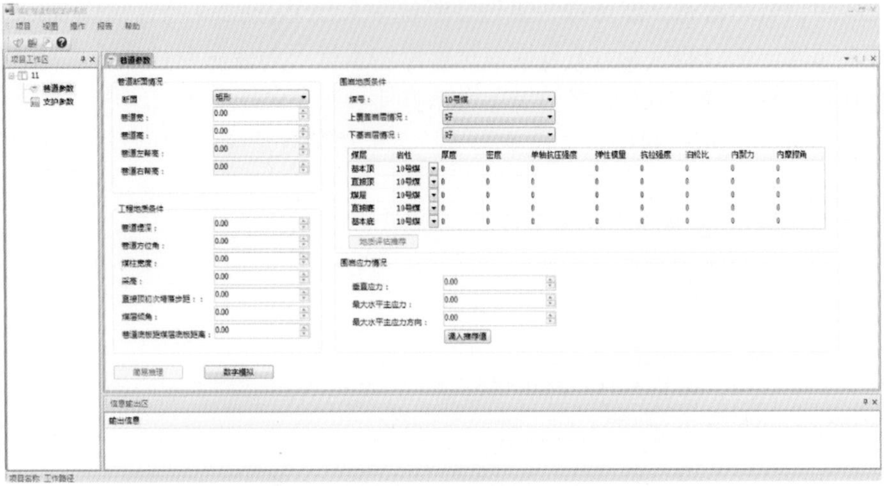

图 6-3　巷道围岩参数输入主界面

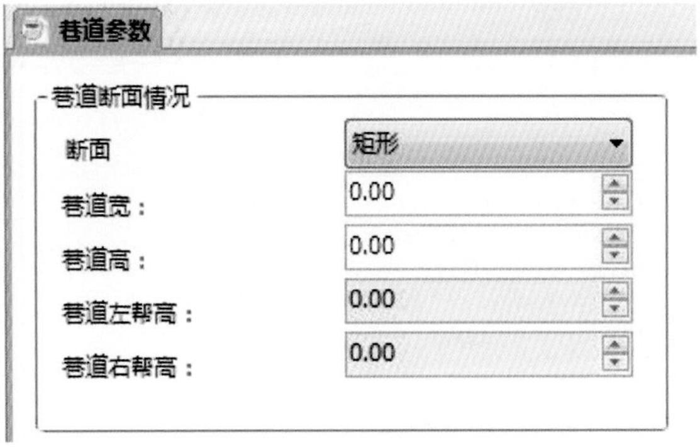

图 6-4　巷道参数输入界面

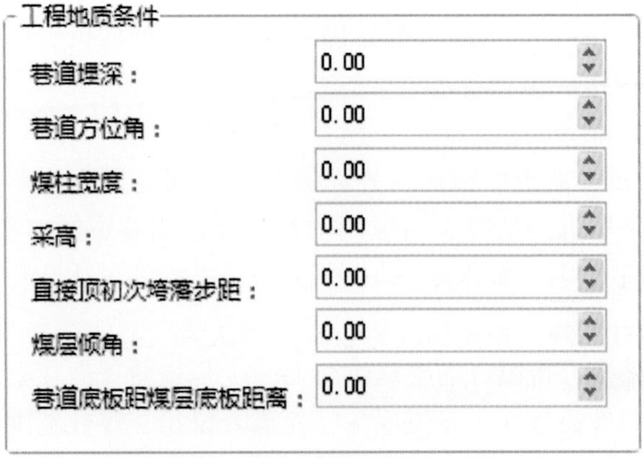

图 6-5　工程地质条件参数输入界面

C 围岩地质条件

围岩地质条件输入包括煤号、上覆岩层情况、下基岩层情况、基本顶、直接顶、煤层、直接底、基本底等围岩参数指标。

（1）煤号。可以根据系统提供的下拉菜单选项选取不同的煤号，如图 6 - 6 所示。

（2）对于上覆岩层、下基岩层，系统设置了好、中、差三个选项，用户可以根据井下实际工程情况进行选择，这个评判的标准没有定量，而是根据现场实际情况进行定性判断。

（3）围岩力学参数。在地质评估里面，系统选择了基本顶、直接顶、煤层、直接底、基本底，在各自对应的岩性里面，涉及的主要参数为岩性、厚度、密度、单轴抗压强度、弹性模量、抗拉强度、泊松比、内聚力、内摩擦角等。在岩性里面，系统设置了 9 个选项，用户可以根据实际地质条件进行选择，如图 6 - 7 所示。

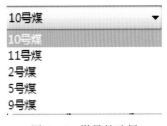

图 6 - 6 煤号的选择　　　　图 6 - 7 岩性的选择

当选择了对应的岩性后，系统会自动推荐其主要物理力学参数参考数值，如图 6 - 8 所示。

煤层	岩性	厚度	密度	单轴抗压强度	弹性模量	抗拉强度	泊松比	内聚力	内摩擦角
基本顶	K8中砂... ▼	0.41	2727.15	86.09	21.66	15.28	0.22	12.76	36.6
直接顶	炭质泥岩 ▼	0	2582	19.16	13.21	3.028	0.33	4.87	33.04
煤层	2号煤 ▼	0	0	0	0	0	0	0	0
直接底	砂质泥岩 ▼	0.7	2579.44	51.79	10.61	7.28	0.24	3.06	42.93
基本底	炭质泥岩 ▼	0	2582	19.16	13.21	3.028	0.33	4.87	33.04

图 6 - 8 各岩性物理力学参数

D 围岩应力条件

系统需要提供的围岩应力参数包括垂直应力、最大水平主应力、最大水平主应力方向三种。当确定了之前的所有参数后，点击"调入推荐值"，系统会基于数据库及知识库自动调入相应的应力数值。当认为数值不合理时，可以根据实际情况进行数据的修改，如图 6 - 9 所示。

6.2.3.4 巷道围岩支护参数功能设计

点击巷道围岩参数输入界面的"数值模拟"按钮，进入巷道支护参数界面，如图 6 - 10 所示。

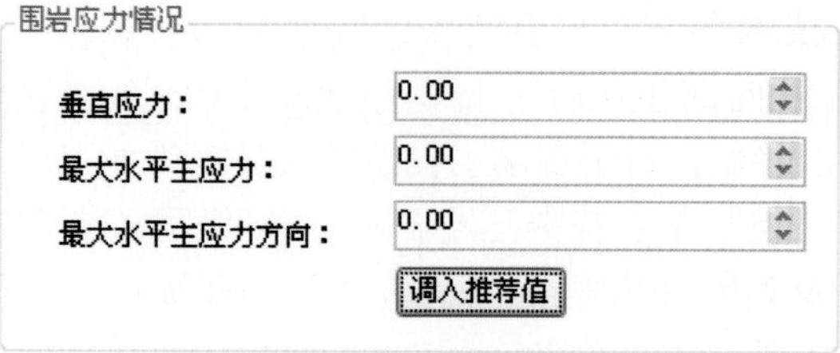

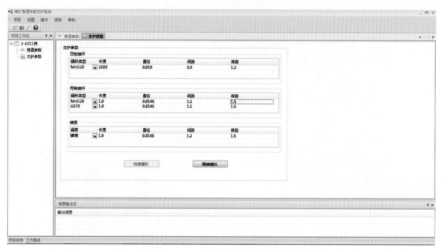

图 6-9 围岩应力参数输入界面

图 6-10 巷道支护参数界面

在该界面中，系统通过内置的基于人工神经网络的工程类比推理模块给出了巷道支护设计中的顶板锚杆类型、长度、直径、间距和排距，两帮锚杆类型、长度、直径、间距和排距，锚索类型、长度、直径、间距和排距等主要支护参数。使用者如果对推荐支护参数不满意，可以直接在界面中调整相应的支护参数。如果对推荐支护参数满意或者经调整满意后，点击"快速模拟"或者"精确模拟"按钮，系统子模块自动生成巷道支护的软件可执行文件，并通过内置的 FLAC³ᴰ数值软件调用可执行文件，按照可执行文件的设置进行数值计算，保存数值模拟结果，提取所需要的巷道矿压数据和图片，并进一步生产巷道支护稳定性分析报告。

6.3 数值模拟方案优化的实现

如上所述，FLAC³ᴰ在现场应用的阻碍是由于参数的难以获取以及建立模型、编写脚本对于没有进过专门 FLAC³ᴰ软件使用培训的现场工程技术人员来说较为困难。本节将尝试通过调用知识库、自动建模等方式解决以上问题。

6.3.1 基于知识库和人工修正的参数获取

运用 FLAC³ᴰ软件进行数值模拟需要使用的参数以及获取方式主要有：

（1）巷道工程技术参数：巷道埋深、断面形状、宽度、高度（梯形断面：左帮高、右帮高）、走向掘巷方式（沿顶板、沿底板、全煤巷）等。以上参数是巷道的基本工程技术参数，对于现场工程技术人员来说相对较易获得，并且在系统的"围岩稳定性分类"子系统中已经输入，因而可以从该子系统中调用。

（2）巷道围岩及其物理力学参数：基本顶、直接顶、煤层、直接底、基本底的岩性、厚度、强度、弹性模量、泊松比、密度、内摩擦角、内聚力，巷道所处区域的垂直应力、水平应力的大小及方向。这些参数有一部分（如岩层厚度、岩性等）较易获得，而有一部分（如各岩层的弹性模量、内聚力以及地应力的大小、方向等）则要么需要现场取岩芯做实验室实验，要么需要做现场地应力测试才能得到。这些试验数据的获取对于现场工程技术人员来说可能有一定难度。"围岩物理力学参数知识库"和"地应力知识库"通过前期资料文献收集整理、大范围取样进行实验室实验、有针对性地进行现场实验等方式储存了大量的岩石力学资料，现场工程技术人员在使用系统进行模拟运算的时候可以根据具体情况从知识库调用所需要的数据使用。

（3）支护相关参数：支护方式的选择（锚网索支护、锚网梁支护、锚网梁索支护等）；顶板和两帮的锚杆类型、直径、长度、锚固力、间排距，锚索长度、直径、锚固力、间排距；锚固方式（全锚、端锚）、锚固长度、钻孔直径、树脂卷参数、托梁、托盘等。这些参数中，部分参数（如支护方式、锚杆长度、直径、间排距等）根据"煤巷支护神经网络预测"子系统分析计算得到；部分参数（如锚杆锚固力、锚索锚固力等）可以根据推理得到的锚杆、锚索类型以及直径等从系统的"支护参数知识库"中调用相关数值；另一部分参数（如树脂卷参数、托盘、托梁等）则可以根据工程类比法和理论分析法等方法确定。

需要指出的是，由于从知识库中调用以及推理得到的数据可能只能代表大多数普遍情况，系统推理而得或者从知识库中调用的数值只是推荐参考值，因此在所有参数的调用与输入过程中，都设置有允许人工修正的功能。在遇到特殊工程地质情况的时候，现场工程技术人员可以根据实际情况输入准确的数值，这样就可保证系统的模拟更加符合实际情况。

通过系统推理、知识库调用、人工修正等方式，系统可以较为准确、全面地准备好 FLAC^{3D} 模拟所需要的数据。这些数据会暂时保存在系统建立的相应数据库中，在创立数值模拟脚本的时候系统会将这些值赋予脚本中相应的量。

6.3.2 FLAC^{3D} 子系统自动建模和脚本建立

6.3.2.1 系统功能模块

在巷道支护智能设计系统中，基于 FISH 语言开发核心的数值分析程序主要包括以下几个模块：

（1）巷道围岩变形破坏分析模块。在该模块中，系统通过将巷道的几何参数、岩层力学参数、地应力参数等数据输入并检验数据的合理性，将经检验合理的数据赋值到系统内部存储的脚本文件中，进而生成模型参数。模型参数主要包括：模型大小、各岩层厚度、各岩层网格划分参数、各岩层岩体力学参数、巷道位置及几何参数等。

该部分利用 FISH 语言编制的部分脚本如下所示：

```
……
def inimod
array xmm1(5) ynn1(2) zll1(21)
array nxmm1(4) nynn1(1) nzll1(20)
array rxmm1(4) rynn1(1) rzll1(20)
mx_size = 1.0
mz_size = 0.5
my_size = 1
k = 1
sumz = 0
loop i(1,3)
sumz = sumz - yanh(i)
zll1(k+1) = sumz
nzll1(k) = int(yanh(i)/mz_size)
if i = 1 then
nzll1(k) = int(yanh(i)/mz_size)
rzll1(k) =
endif
rzll1(k) = 1
if i = 3 then
nzll1(k) = int(yanh(i)/mz_size)
rzll1(k) =
endif
k = k + 1
endloop
……
loop i(1,4)
loop k(1,3)
loop j(1,1)
    dis_z = (xmm1(i+1) - xmm1(i)) * tan(yanq * degrad)
    nynn1j = nynn1(j)
    nxmm1i = nxmm1(i)
    nzll1k = nzll1(k)
    rynn1j = rynn1(j)
    rxmm1i = rxmm1(i)
```

rzll1k = rzll1(k)

……

（2）巷道支护效果数值分析模块。在该模块中，除了上述模块所生成的模型参数外，系统还通过将锚杆参数、锚索参数等数据输入并检验其合理性，将经检验合理的数据赋值到系统内部储存到脚本文件中。该模型参数还包括：支护方式参数、锚杆支护参数、锚索支护参数等。

该部分利用 FISH 语言编制的脚本如下所示：

```
new
def beginer
yanq =
m_k =
maogan_paiju =
maoɛuo_paiju =
m_y = maosuo_paiju * 2 + 2 * maogan_paiju
array yanh(3)
yanh(1) = /cos(yanq * degrad)
yanh(2) = /cos(yanq * degrad)
yanh(3) = /cos(yanq * degrad) + m_k * tan(yanq * degrad)
array fenceng(20)
……
case 1
p6_z = p3_z
p7_z = p5_z
command
    gen zone brick group &
    size nxmm1i nynn1j nzll1k &
    ratio rxmm1i rynn1j rzll1k &
    p0(p0_x,p0_y,p0_z)&
    p1(p1_x,p1_y,p1_z)&
    p2(p2_x,p2_y,p2_z)&
    p3(p3_x,p3_y,p3_z)&
    p4(p4_x,p4_y,p4_z)&
    p5(p5_x,p5_y,p5_z)&
    p6(p6_x,p6_y,p6_z)&
    p7(p7_x,p7_y,p7_z)
endcommand;
case 2
tiao_2 = yanh(k)/2 + (xmm1(3) - xmm1(2)) * tan(yanq * degrad)
tiao_1 = yanh(k) - tiao_2
if i = 1 then
```

$$\text{nzll1k} = \text{int}(\text{yanh}(2)/2/(\text{mz\_size}))$$

$$\text{p0\_z} = \text{zll1}(k+1) + \text{tiao\_1}$$

$$\text{p1\_z} = \text{zll1}(k+1) + \text{tiao\_1} - \text{dis\_z}$$

$$\text{p2\_z} = \text{zll1}(k+1) + \text{tiao\_1}$$

$$\text{p3\_z} = \text{zll1}(k)$$

$$\text{p4\_z} = \text{zll1}(k+1) + \text{tiao\_1} - \text{dis\_z}$$

$$\text{p5\_z} = \text{zll1}(k)$$

$$\text{p6\_z} = \text{zll1}(k) - \text{dis\_z}$$

$$\text{p7\_z1} = \text{zll1}(k) - \text{dis\_z}$$

……command

　　系统脚本文件生成后，便可以调用生成的模型脚本文件。建立的脚本截图如图 6-11 所示，通过系统与 FLAC³ᴰ 软件的接口自动进行 FLAC³ᴰ 数值模拟运算。

图 6-11　基于 FLAC³ᴰ 数值模拟脚本

6.3.2.2　脚本的调用

　　脚本建立后（见图 6-11），利用后台命令调用 FLAC³ᴰ 执行自动生成的脚本代码如下所示：

```
/// < summary >
///创建 Flac³ᴰ脚本
/// </ summary >
/// < param name = "coalInfo" > </ param >
public static void CreateFlacScript(CoalInfo coalInfo, String filePath, String flacResulePath)
```

```
        }
        StringBuilder strBuilder = new StringBuilder();
        strBuilder. AppendLine("new");
        strBuilder. AppendLine("");
        strBuilder. AppendLine("def beginer");
        strBuilder. AppendLine(";岩层倾角为0,(可以调节0~45均可)");
        strBuilder. AppendLine(String. Format("yanq = {0}",coalInfo. gcditj. Mcqj));
        strBuilder. AppendLine(";模型宽度为50m");
        strBuilder. AppendLine("m_k = 50.00");
        strBuilder. AppendLine(";模型为支护排距整数倍");
        strBuilder. AppendLine(String. Format("maogan_paiju = {0}",coalInfo. dbmg. Pj));
        ……………
System. Text. Encoding encode = System. Text. Encoding. GetEncoding("gb2312");
        FileStream fs = new FileStream (filePath, FileMode. Create, FileAccess. Write,
FileShare. Read);
        StreamWriter sWriter = new StreamWriter(fs,encode);
        sWriter. Write(strBuilder. ToString());
        sWriter. Close();
    }
//生成 Flac³ᴰ 脚本
    FlacScript. CreateFlacScript(GlobalInfo. coalInfo,flacFile,flacResulePath);
    //数值模拟
    System. Diagnostics. Process. Start(". \Flac3D\f3300. exe","call" + flacFile);
```

6.3.3 模拟结果的分析与优化

6.3.3.1 结果分析

在系统完成 FLAC³ᴰ数值计算并保存模拟结果后，系统调用提取模块的可执行文件，提取巷道稳定性分析所需的巷道矿压显现图片和巷道矿压监测数据。

（1）在巷道围岩表面设定变形监测点提取围岩变形监测数据、围岩变形监测曲线图等，在支护结构上设置监测点提取支护结构受力监测数据、支护结构监测曲线图等。

（2）提取巷道围岩变形云图、巷道围岩应力云图、巷道围岩塑性区分布图等。

（3）提取巷道锚杆锚索受力分布图、混凝土喷层应力云图、刚性支架受力分布图等。

系统通过与 Word 程序的接口将所需要的图片和监测数据保存到巷道稳定性分析报告 Word 模板文件的相应位置，并设定巷道稳定性判定阀值，对巷道稳定性进行初步判定，有针对性地提出巷道支护方面的相关建议，以供现场工程技术人员分析参考。

6.3.3.2　模拟优化

工程技术人员在得到模拟对结果后，可以选择是否满意结果。结合专家建议和工程技术人员的现场经验，系统确定巷道支护优化的关键影响因子，并列出巷道支护优化方案，形成支护优化序列的可执行数据文件，逐个调用进行数值计算，生成支护优化序列可执行文件的数值结果，并提取巷道矿压监测点的位移数据和支护结构受力数据，进行比较并形成巷道矿压数据变化曲线，进行经济效益的优化分析，并形成较为优化的煤巷支护方案，以作为工程技术人员巷道支护优化的重要参考。该流程如图 6 - 12 所示。

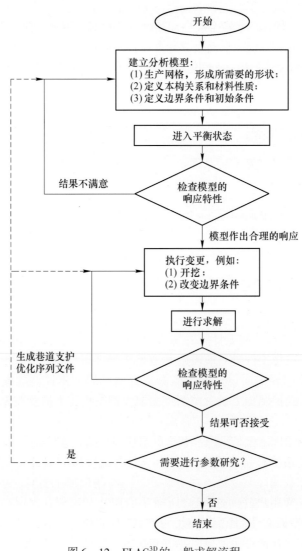

图 6 - 12　FLAC³D 的一般求解流程

7 煤矿巷道支护矿图辅助绘制系统

7.1 矿图智能绘制系统概述

辅助绘图系统是巷道支护智能设计系统的子系统，系统优化方案完成后便会自动调用绘图系统，优化的参数会被自动读取到数据库，用户根据工程实际需要对参数进一步修改完成后系统便自动生成巷道支护断面图。通过用户使用反馈，绘图子系统人机交互界面设计友好，人性化特点突出，能够为巷道支护设计施工提供参考。

7.2 绘图子系统总体设计

7.2.1 人机交互界面设计

绘图子系统人机交互界面如图 7 – 1 所示。

图 7 – 1　绘图子系统人机交互界面

（1）原始参数输入。为了更好地体现绘图系统的实用性和灵活性，基于煤矿巷道实际地质条件和生产条件，原始参数输入设置灵活多变。其中，设施布置基本覆盖了目前我国煤矿巷道支护所涉及的所有附属设施要素。系统的初始条件输入设计实现了为用户提供更多选择空间的要求。

（2）多功能按键。人机交互界面设置了"保存"、"读取"、"绘图"等交互功能按键。系统设计的图形要素的数据化功能也便于用户保存和读取绘图参数，有利于煤矿生产科学管理，实现施工管理标准化和数字化。

（3）参数获取和选择。为了满足不同条件下矿图绘制的实际需要，系统参数选择设置了灵活多变的选项，通过用户的选择及时响应反馈系统推理机制，实现用户需要的参数选项和数值的设置。

7.2.2　绘图系统结构设计

绘图子系统结构设计如图 7 - 2 所示，主要由工程信息、参数获取方式、参数的输入和选择等功能模块组成。

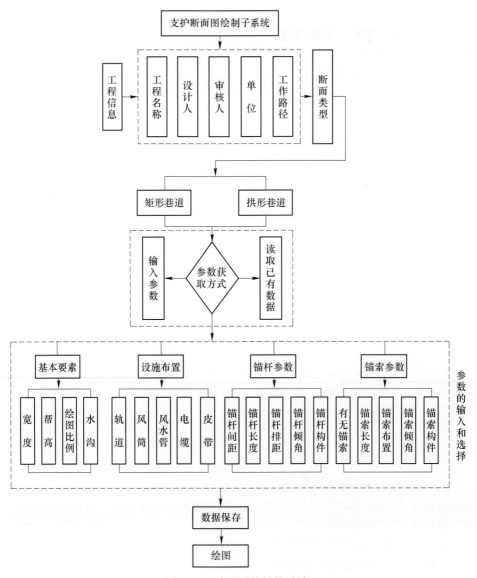

图 7 - 2　绘图系统结构设计

7.2.3　绘图系统功能模块

7.2.3.1　巷道断面

当选择梯形巷道断面时，可以进行梯形断面以及矩形断面的参数输入和绘图，主要在于"巷道断面"中"左帮高、右帮高"数据，若是输入的值一样则绘制矩形巷道，若两帮高输入值不一样则绘制梯形巷道。用户可以根据工程实际要求进行选择。

7.2.3.2　巷道设施

由于巷道断面的"设施布置"有不同的要求，系统提供了是否设置水沟、轨道位置、风水管位置、风筒位置、电缆位置、皮带位置、轨道位置等，用户可以根据具体要求进行自由选择。

（1）水沟选项。当选择了有水沟后，需要输入水沟的尺寸（水沟宽度×水沟高度），如图7-3（a）所示。

（2）轨道选项。需要输入轨道在左帮还是右帮，同时根据不同的要求输入轨面高度、轨道间距以及轨道中心线到巷道中心线的距离，如图7-3(b)所示。

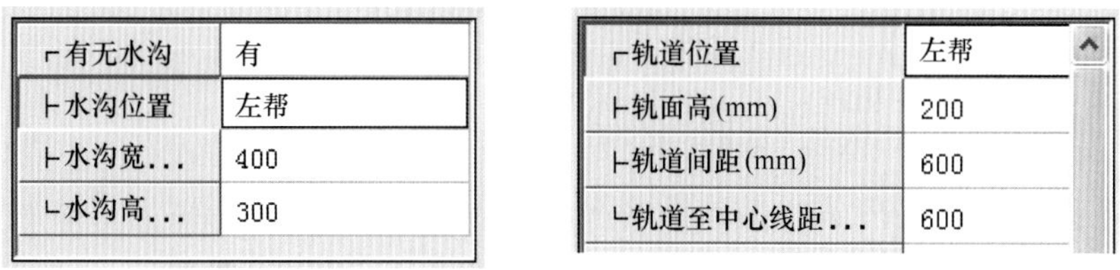

有无水沟	有
⊢水沟位置	左帮
⊢水沟宽…	400
⊢水沟高…	300

轨道位置	左帮
⊢轨面高(mm)	200
⊢轨道间距(mm)	600
⊢轨道至中心线距…	600

(a)　　　　　　　　　　　　　　(b)

图7-3　水沟及轨道设置

(a) 水沟设置；(b) 轨道设置

（3）风筒选项。根据工程实际要求，风筒选项需要输入风筒的位置、风筒高、风筒直径以及距帮的距离。系统的默认值为一般使用值，可以根据实际需求进行调整，如图7-4(a)所示。

（4）风水管选项。该选项包括了风水管位置、距离底板高度以及风水管直径。图7-4(b)显示的为系统的默认值。

（5）电缆选项。除了电缆位置、间距与高度外，还需要输入电缆组数，如图7-5(a)所示。这一选项充分考虑用户实际需要，只需输入组数，系统会根据参数自动生成相应图形。

（6）皮带选项。可以根据巷道实际情况选择是否需要皮带。选项中需要输入皮带位置，同时需要输入皮带的高度和宽度以区分皮带的型号，如图7-5(b)所示。

风筒位置	右帮
风筒高(mm)	3500
风筒直径(mm)	600
风筒至帮距离(mm)	600

(a)

风水管位置(mm)	左帮
风水管高(mm)	1500
风水管直径(mm)	30

(b)

图 7-4　风筒及风水管

(a) 风筒设置；(b) 风水管设置

电缆位置	右帮
电缆组数	4
电缆高(mm)	2500
电缆间距(mm)	150

(a)

有无皮带	有
皮带位置	右帮
皮带高(mm)	800
皮带宽(mm)	1200
皮带至中心线距…	800

(b)

图 7-5　电缆及皮带设置

(a) 电缆设置；(b) 皮带设置

7.2.3.3　锚杆参数

在"锚杆参数"里面，根据顶板、两帮地质及围岩类型的不同，提供了锚杆顶板、两帮以及相关角度的参数输入。另外，在两帮设施布置里面根据规范要求，设置了"木块"、"钢带"选项，"有"、"无"以及"左"、"右"位置选项，充分考虑到系统的实用性，以便用户可根据实际生产情况进行灵活使用。锚杆排距输入为俯视图和控顶距图提供数据，系统默认为常用的 800mm。

锚杆参数部分体现了系统的智能性，用户只需输入锚杆的间距、巷道尺寸等原始数据，系统会根据巷道的宽度、高度以及间距，依据知识库分析计算锚杆的布置，并根据偶数根或奇数根来合理布置安排锚杆，如图 7-6 所示。

7.2.3.4　锚索参数

"锚索参数"栏提供了"有无锚索"选项。当选择"有"锚索时，其要求用户输入的界面如图 7-7 所示。

系统会根据用户选择给出需要输入的锚索参数，主要包括锚索长度、第 1 排锚索根数、第 2 排锚索根数及相应的间距、夹角等。锚索参数主要体现在三个方面，包括支护断面图、最大最小控顶距和俯视图。

系统根据规范要求，可供选择的锚索根数为 1~3 根，当选择不同的根数时系统会给出相应的参数输入。

(1) 当选择 1 根时，要求输入左锚杆到左帮距离即可，如图 7-8(a) 所示。

锚杆参数

┌顶板锚杆长度(mm)	2200
├左帮锚杆长度(mm)	2000
└右帮锚杆长度(mm)	2000
┌左帮顶锚杆倾角(度)	30.0
├右帮顶锚杆倾角(度)	30.0
├顶板左锚杆倾角(度)	75.0
├顶板右锚杆倾角(度)	75.0
├左帮顶锚杆顶距(mm)	15.0
└右帮顶锚杆顶距(mm)	15.0
┌左帮锚杆有无构件	有
└构件种类	木块
┌右帮锚杆有无构件	有
└构件种类	钢带
锚杆排距(mm)	800.0

图 7-6 锚杆参数

锚索参数

有无锚索	有
锚索长度(mm)	5000
┌第1排锚索根数	3
├左锚索到左帮距离(mm)	200
├右锚索到右帮距离(mm)	200
└锚索间距(mm)	1200
┌第2排锚索根数	3
├左锚索到左帮距离(mm)	200
├右锚索到右帮距离(mm)	200
└锚索间距(mm)	1200
边锚索与竖向夹角(度)	60

图 7-7 锚索参数（Ⅰ）

锚索参数

有无锚索	有
锚索长度(mm)	5000
┌第1排锚索根数	1
├锚索到左帮距离(mm)	200
├右锚索到右帮距离(mm)	---
└锚索间距(mm)	---

(a)

锚索参数

有无锚索	有
锚索长度(mm)	5000
┌第1排锚索根数	2
├左锚索到左帮距离(mm)	---
├右锚索到右帮距离(mm)	---
└锚索间距(mm)	1200

(b)

图 7-8 锚索参数（Ⅱ）
(a) 选择 1 根锚索；(b) 选择 2 根锚索

（2）当选择 2 根时，只需输入锚索间距即可，如图 7-8（b）所示。

（3）当选择 3 根时，需要输入参数如图 7-9 所示。

在"其他"栏目里，需要输入最大最小控顶距来绘制控顶距图形。同时，在该栏目中还需要用户输入绘图比例，用来显示图形的比例，系统默认为 1∶75。

当巷道断面类型为半圆拱形时，参数输入界面如图 7-10 所示。

半圆拱形巷道主要应用于岩石巷道。由于直墙半圆拱形巷道的两帮高是一样的，其界面参数输入只需输入帮高即可。设施布置、锚杆参数、锚索参数等数据

锚索参数	
有无锚索	有
锚索长度(mm)	5000
┌第1排锚索根数	3
├左锚索到左帮距离(mm)	200
├右锚索到右帮距离(mm)	200
└锚索间距(mm)	1200

图 7 – 9　锚索参数（Ⅲ）

图 7 – 10　拱形断面参数输入界面

输入与梯形断面一样。

7.2.3.5　数据的保存和读取

原始参数输入和选择完毕，可以点击"保存"选择保存路径进行数据保存，便于下次操作读取。保存和读入的数据位于用户设定好的工作目录下，数据文件格式为 .dmzh，同时，可以点击"读取"进行储存数据的调用，如图 7 – 11 所示。在 Data 中调用已保存的数据，其优点在于图形可以以数据的形式保存和读取，便于存储和读取编辑工作。

7.2.4　工程图形要素确定

7.2.4.1　矿图内容

基于巷道支护工程规范，矿图内容主要包括支护断面正面图、支护断面俯视图、支护最大、最小控顶距循环图、支护材料消耗表及标准工程图框。

图 7-11 保存及读取窗口

7.2.4.2 巷道断面

依据煤矿巷道现有的常用巷道断面类型，系统知识库主要包含了矩形、梯形、拱形断面类型。相关内容可参阅《采矿工程设计手册》（下册）第一章巷道断面设计的第二节巷道断面。

7.2.4.3 设施布置

（1）轨道。开拓巷道铺设轨道用于材料运输，设施布置需要轨道设施。不同巷道轨距会有不同，轨道的位置也有变化。

（2）风筒。矿井巷道必要的通风设备，有一定的直径、高度、位置等。

（3）风水管。矿井巷道必要的排水设备，有一定的直径、高度、位置等。

（4）电缆钩。矿井巷道必要的电力设备附属设施，用以放置电缆以及其他通信设备线缆。根据煤矿实际需要，有不同的组数，一般为 3~5 组不等，有一定的高度和位置。

（5）运输皮带。运输皮带是运输巷必不可少的附属设施，根据其高度和宽度的不同分为不同的型号。型号不同可以由高度和宽度输入选择。皮带中心距巷道中心位置也有一定的要求。

7.2.4.4　锚杆参数

A　顶板中部锚杆

（1）顶板锚杆间距 B_d：

$$B_d = L_d / N_{uD} \qquad\qquad (7-1)$$

式中　　N_{uD}——顶板锚杆数量；

　　　　L_d——顶板长度（包括矩形、梯形、拱形）。

需要注意的是：系统无需输入锚杆数量，给出顶板锚杆间距，系统会自动分析计算出顶板需要的锚杆数量（包括奇数、偶数），并依据奇数、偶数和锚杆布置规范要求进行自动布置。

（2）顶板靠近两帮带角度锚杆。该处锚杆单独依据角度输入数据（若是倾斜顶板则进行角度运算）进行分析、计算和布置。

B　两帮锚杆

（1）两帮锚杆间距 B_B：

$$B_B = (L_b - D_{iB}) / N_{uB} \qquad\qquad (7-2)$$

式中　　N_{uB}——两帮锚杆数量；

　　　　L_b——顶板长度（包括矩形、梯形、拱形）；

　　　　D_{iB}——两帮最上部锚杆与顶板距离。

需要注意的是：系统无需输入锚杆数量，给出两帮锚杆间距和到顶距离（D_{iB}），系统会自动分析计算出两帮需要的锚杆数量，并依据锚杆距离底板的规范性要求进行自动布置。

（2）两帮靠近底板带角度锚杆

该处锚杆单独依据角度输入数据进行分析、计算和布置，默认锚杆与水平的角度为 0。

C　两帮设施布置

巷道两帮设施布置有所不同，依据实际地质条件和生产条件及相关规范布置不同构件。供选择的有"木块"、"钢带"及"无"构件选项。锚网由于图形比例原因，在大样图体现。

D　锚杆排距

锚杆排距体现在支护断面俯视图及最大最小控顶距中。

7.2.4.5　锚索布置

根据实际井下工程需要选择是否添加锚索。

（1）第1排锚索。依据第1排锚索的根数，基于锚索布置要求，当选择1根时，锚杆布置在顶板中部。当选择2根时，需要锚索间距。当选择3根时，需要锚索间距及外部两根到帮的距离（这是为特殊情况下需要而设置，一般只需间距即可）。

（2）第2排锚索。依据第2排锚索的根数，基于锚索布置要求，当选择1根时，锚杆布置在顶板中部。当选择2根时，需要锚索间距。当选择3根时，需要锚索间距及外部两根到帮的距离。

需要注意的是：基于锚索布置方式要求以及锚索在顶板分布要求，锚索分为两排数据输入，其为断面俯视图及最大最小控顶距提供数据，会以图形方式直观体现在上述两个图形上。

7.2.4.6 图框及比例

所有工程图表在可控比例的标准图框中绘制，其比例可以根据需要自行调整并打印。相关内容可参阅《采矿工程设计手册》（上册）第三章采矿制图与图纸编号的第一节制图一般规定（图纸幅面尺寸）。

7.2.5 绘图系统操作流程

绘图系统操作流程如图 7 - 12 所示。

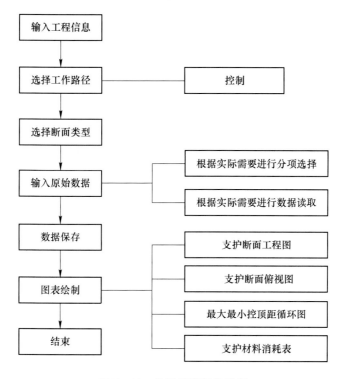

图 7 - 12 绘图系统操作流程

7.2.6　绘图系统适用条件

任何一套辅助绘图系统都不可能适用所有工程项目，该绘图系统也不例外。根据系统统一设计，其适用条件如下：

(1) 煤矿巷道类型：岩石巷道、全煤巷道；

(2) 巷道断面类型：矩形断面、梯形断面、拱形断面；

(3) 支护类型：锚杆、锚杆＋锚网、锚杆＋锚网＋钢带＋锚索支护。

7.3　绘图系统的实现

7.3.1　AutoCAD 二次开发技术

AutoCAD 是目前国内外使用非常广泛并且公认的最好的绘图工具，由于其强大的图形处理功能，基于其平台之上的二次开发应用越来越广泛。

该子系统的开发主要是利用 VC 平台，用 CAD 的二次开发工具 ObjectARX 来进行开发的，其中的实现代码与函数建立主要是利用 ObjectARX 的函数库与工具来完成。ObjectARX 包含的动态链接库（DLL）与 AutoCAD 基于同一地址空间运行，并且能直接利用 AutoCAD 核心数据结构和代码，库中包含一系列通用的工具，使得二次开发者可以充分利用 AutoCAD 的开发结构，直接访问 AutoCAD 数据库结构、图形系统以及 AutoCAD 几何造型核心，在运行期间实时扩展 AutoCAD 的功能，并使用 AutoCAD 所有内建命令和新建命令。ObjectARX 核心是两组关键的 API，即 AcDb（AutoCAD 数据库）和 AcEd（AutoCAD 编译器），另外还有其他的一些重要库组件，如 AcRx（AutoCAD 实时扩展）、AcGi（AutoCAD 图形接口）、AcGe（AutoCAD 几何库）等。AutoCAD 自身的许多模块均是用 ObjectARX 开发的，ObjectARX 是 AuotCAD 最强大的定制开发工具。

7.3.2　函数建立和实现功能

在系统的内部，根据预想的设计同样建立相应的成员函数，不同的成员函数都会对应着不同的功能。成员函数的建立同样分为头文件与 .cpp 执行文件。该模块主要成员函数的功能说明如表 7 - 1 所示。

表 7 - 1　支护断面成员函数功能表

编号	函数名	函　数　功　能
1	jx	梯形巷道断面函数，在该函数体里实现了按照事实参数（巷道宽度、帮高等）的数值绘制出梯形断面图（无锚杆）
2	roman arch	拱形巷道断面函数，在该函数体里实现了按照事实参数（巷道宽度、帮高等）的数值绘制出拱形断面图轮廓线（无锚杆）

编号	函数名	函 数 功 能
3	jx top anchor	锚杆布置函数，它实现了梯形巷道断面的顶板锚杆布置，同时考虑到了专家知识库中关于梯形巷道锚杆布置的规定
4	jx sides anchor	锚杆布置函数，它实现了梯形巷道断面按照专家知识库中的知识对两帮锚杆的布置
5	roman arch anchor	锚杆布置参数，在该函数体内部实现了拱形巷道的所有锚杆的布置（包括拱形和直墙）。在这里，该函数根据用户的输入充分考虑了锚杆奇偶数量，给以合理的布置。同时，对靠近底板的锚杆也根据知识库中的内容来布置
6	on button drawing	绘图函数，它是双击绘图按钮由系统自动生成的函数，在该函数体里将会调用所有的自定义函数，在这里自定义函数将重新组合，从而来实现整个断面图的绘制
7	railway	轨道布置函数，用来实现轨道中心线和轨面高度的绘制，同时可以实现左右控制
8	wind channel	风筒函数，用来实现对巷道内风筒位置的控制。通过输入风筒的高度，系统会根据知识库中的知识来控制其他参数
9	water pipe	风水管函数，实现对巷道内风水管的控制
10	cable	电缆函数，实现对巷道电缆的绘图控制

7.3.3 系统设计算法

前面已经介绍了 CAD 绘图子系统的结构与成员函数的建立和功能，接下来将详细说明它们之间是如何联系、如何对复杂的图形进行控制以及它们之间的调用，进而来完成整个图形的绘制。

7.3.3.1 梯形巷道

对梯形巷道来讲，它的梯形轮廓图是在 jx 函数下的代码来实现的。在该函数里完成了巷道宽度、左右帮高以及中心线的代码。而对于该类型巷道的锚杆布置以及标注等的代码是在函数 top anchor、sides anchor、railway、wind channel、water pipe、cable 里实现的。这些函数（不妨称之为 jx 的附属函数）从某种意义上来讲同 jx 函数的地位是平等的。但是，附属函数坐标点的设定是要以 jx 函数里的设置为依据的，一切都是围绕着 jx 来编写代码。通过下面一段代码可以看出：顶板中间一根锚杆的起点和终点的坐标都是以 jx 函数里巷道的宽度与高度等数据作为依据的。

```
if( top anchor number%2! =0)
{
    //中间一根锚杆
```

```
    AcGe Point3d start0(m_kd/2,m_zg + (m_yg − m_zg) * 0.5,0);
    AcGe Point3dend0(m_kd/2 − m_mgcd * sin(A),
    m_zg + (m_yg − m_zg) * 0.5 + m_mgcd * cos(A),0);
    ……
}
```

在附属函数里，top anchor 与 sides anchor 的功能实现最为关键也最为复杂。Top anchor 函数的功能是绘制梯形巷道的顶部锚杆，由于顶部锚杆的绘制不仅要考虑锚杆的数量（包括奇偶数），还要考虑到靠近两帮的倾斜锚杆的倾斜角度与锚固端距两帮的距离。系统在设计和算法上采取了以下措施：

（1）当锚杆布置的数量为奇数时，首先定出中间的一根锚杆；然后以其起始端坐标为其他锚杆布置的基点，依次绘制中间的锚杆，中间的锚杆采用循环语句；最后，再分别绘制靠近两帮的锚杆。

（2）当锚杆布置的数量为偶数时，就以中间对称点坐标为基点按设定的间距依次绘制。

（3）中间的锚杆采用循环语句，靠两帮的锚杆单独绘制。

梯形巷道顶板锚杆支护算法流程如图 7 – 13 所示。

7.3.3.2　拱形巷道

拱形巷道的实现过程同梯形有很多的相似之处，其设计开发的重点仍然是锚杆的布置问题，这也是不同于梯形巷道之所在。它的断面轮廓与锚杆布置绘制都是在唯一的函数下来实现的，这个函数就是 roman arch anchor。之所以这样，是因为在系统中拱形巷道只是考虑了直墙半圆拱的形式，它的两帮是对称的。拱形巷道的实现主要还是考虑了锚杆数量的奇偶性以及靠近底板锚杆的布置问题。梯形巷道也分顶部（拱形部分）、左帮、右帮以及两帮最底部的锚杆布置。系统对拱形与直墙的连接处也进行了分析与判断，目的是使锚杆的间距在整个图形中做到一致。

同梯形巷道一样，当锚杆数量为奇数时，将先把拱形中心线的锚杆定下，然后以此为基点绘制其他锚杆；若是偶数根锚杆就首先绘制中心线左右两边的锚杆。其部分代码如下所示：

```
//奇数根锚杆
    if(number%2! =0)
    {
        AcGePoint3d start1(m_kd/2,m_zg + m_kd/2,0);
        AcGePoint3d end1(m_kd/2,m_zg + m_kd/2 + m_mgcd,0);
        AcDbLine * peakLine = new AcDbLine(start1,end1);
        ……
    }
```

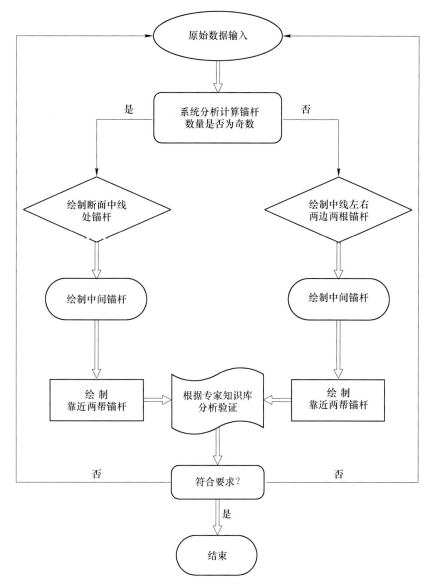

图 7 - 13　梯形巷道顶板锚杆支护算法流程

拱形到直墙过渡的间距问题也是该模块设计的重点，具体做了如下的算法：

（1）先计算拱形巷道的周长 L_0 以及拱的长度 L_1；

（2）锚杆的间距（D）×锚杆布置数量（number - 1）＝拱形部分占有的长度 L_2；

（3）$(L_0 - L_2)/2 = L_3$（拱形左右与直墙连接处各剩余部分的长度）；

（4）根据 L_3 的长度来确定直墙部分第一根锚杆的基点位置。

7.4　绘图系统知识库

绘图系统知识库主要包括以下内容：

（1）锚杆支护设计国家规范：包括经过理论和大量实践总结的巷道锚杆支护设计技术和安全规范措施。特殊情况下包括煤巷和岩巷锚杆支护设计方案和参数选取范围要求。

（2）行业性的矿图绘制规范：参照国家煤矿制图标准，对煤矿行业矿图做出了具体和详细的要求，统一矿图绘制标准和图例符号。

（3）专家及工程技术人员知识：包括巷道锚杆支护领域专家与工程技术人员的支护理论和实际工程经验。

（4）特殊巷道类型及支护参数知识：搜集、分析各矿区煤矿典型支护案例，进行归纳和总结。

7.5　绘图系统工程应用

以山东能源集团新汶矿业协庄煤矿为工程背景，描述支护绘图子系统实现的绘图功能。

7.5.1　-850 二采回风上山

（1）巷道名称。掘进的巷道为 -850 二采回风上山。

（2）掘进目的及巷道用途。掘进目的是形成 -850 二采上山区生产系统，满足通风、行人、管线敷设的需要。

（3）巷道设计长度及服务年限。巷道设计长度：760m；服务年限：10 年。

（4）巷道实际支护参数。巷道的支护参数为：选用直径 22mm、长度 2200mm的高强锚杆支护顶板及两帮，顶板锚杆间距为 640mm，排距为 1000mm，两帮间距为 1000mm，排距为 800mm。系统绘制的梯形巷道锚杆支护断面图如图 7 - 14 所示。

7.5.2　1202E 回风巷（车场）

（1）巷道名称。巷道为 1202E 回风巷（车场）。

（2）掘进目的及巷道用途。掘进目的是形成 1202E 工作面生产系统，满足通风、安装、行人、运料及管线敷设的需要。

（3）巷道设计长度及服务年限。巷道设计长度：195m；服务年限：2 年。

（4）巷道实际支护参数。锚带网支护；顶板间距为 840mm，排距为1000mm，两帮间排距为 1000mm；锚杆规格：$\phi 22mm \times L2200mm$。系统绘制的切圆拱形巷道锚杆支护断面图如图 7 - 15 所示。

需要注意的是：系统绘制的上述两个实例的矩形和切圆拱形巷道锚杆支护断面图，均可以进行编辑、打印和保存。

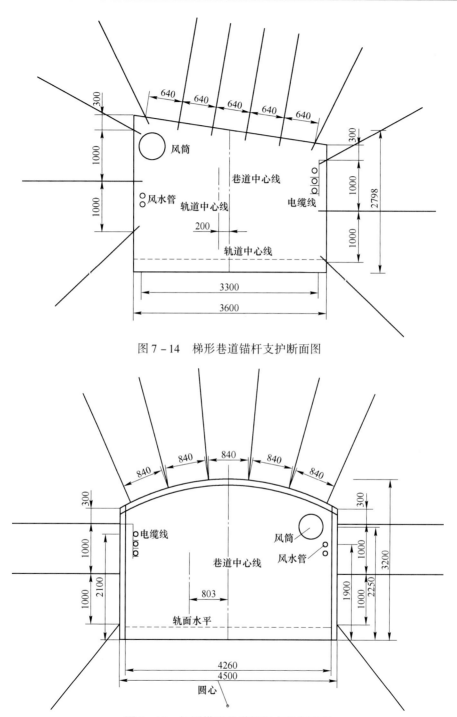

图 7 - 14　梯形巷道锚杆支护断面图

图 7 - 15　切圆拱形巷道锚杆支护断面图

❽ 煤矿巷道支护智能设计系统知识库与推理机建立

8.1 系统知识库的建立

8.1.1 系统知识库功能

知识库是专家系统的核心，包含有描述关系现象方法的规则及在专家知识范围内解决问题的知识，由事实性知识和推理性知识组成，是领域知识与经验的存储器。

知识库是决定一个专家系统的性能是否优越的主要因素之一。实际上，一个专家系统的性能高低取决于知识库的三种性能：可用性、可靠性和完善性。知识库的设计与建造是专家系统的一个技术关键。知识库包含的知识内容、设计方式、管理模式及后期维护，都会对知识库发挥作用产生重要影响，只有做好了知识库的构建工作，才能使得专家系统真正发挥"专家"级别的水平和能力。没有完善的知识库就不能成为一个好的专家系统。支护智能设计系统基于以上原则，在知识库的建造方面下足了功夫，力求知识库的管理和内容都在该领域前沿，使系统达到实用、能用、高效的目的。

8.1.2 系统知识库设计

煤矿巷道支护智能设计系统知识库设计基于以下要求：

（1）便于知识的不断更新和修改完善。知识库中的知识是随着巷道支护技术的发展和计算机开发水平的提高而不断升级和完善的，良好的知识库设计应该能够满足知识更新、删减、修改和完善等工作，以使知识库能更好地发挥"专家级"的作用。

（2）便于为推理机提供智能支持。推理机和知识库是专家系统的核心，两者相辅相成，推理机能否发挥"智能性"取决于知识库的内容和管理。所以，知识库的设计要充分考虑到推理机，要为推理机发挥其应有的功能提供支持。

（3）便于知识库的维护和管理。知识库作为专家系统的"大脑"要进行科学的管理和维护，支护智能设计系统知识库涵盖了大量的专家知识和规则，知识条之间的关系错综复杂，不同类型知识的前提、结论都有其特殊性和普遍性，知识库的管理工作非常繁琐且重要。因此，知识库的设计要充分考虑系统的运行效率和稳定。

（4）便于知识的表达和输入。知识库中的知识是由源知识读取到系统知识库的，也就是将源知识用计算机语言进行表达并写入到系统中。该系统的知识输入工作由人工完成，知识的更新、删减和完善都需要以计算机编程语言和相应的表达方式来实现。因此，知识的表达和输入也是相当重要的环节。知识库的设计要能够使得知识的表达和输入方便、快捷和高效。

8.1.3　系统知识库知识来源

基于巷道支护智能设计系统的特点和实际需求，结合专家系统知识获取的方法和经验，本着"实用、好用、专业、前沿"的原则进行知识获取。系统知识来源主要有以下5个方面：

（1）典型案例知识库。基于作业规程和施工方案，设计支护典型工程案例调查表，分析提取5个矿区涉及40所煤矿典型巷道支护实例纳入知识库。

（2）专家及经验知识库。包括巷道支护领域相关专家理论知识及现场工程技术人员经验知识。专家经验性知识主要通过专家的研究成果、著作、论文以及面对面的沟通获得；现场技术人员经验性知识主要是深入煤矿一线与相关人员沟通交流进行挖掘。

（3）规则知识库。总结分析领域学术专著、行业标准、技术报告等文献资料，其中收录的部分有关标准有《锚杆喷射混凝土支护技术规范》，地方行业标准以及行业规范《采矿工程设计手册》、《煤矿支护手册》、《煤矿安全规程》等。

（4）理论知识库。主要是目前被业界广泛认可和得到较好推广的支护理论和新型方法。

（5）绘图知识库。矿山采矿制图标准以及不同矿区的地方性规范等。

8.1.4　系统知识的分析和获取

领域专家解决问题的能力主要体现在两方面：一是专家拥有大量的知识，二是专家具有选择知识来解决问题的能力。这种选择知识和应用知识求解问题的过程称为基于知识的推理。知识库与推理机是专家系统中必不可少的组成部分，是实现系统智能化的关键。知识的分析、提取是对获取知识的再加工和综合利用，这个阶段的工作至关重要。

煤矿巷道支护智能设计系统知识库的获取包括三个方面。

（1）基于专家访谈、调查问卷分析统计。通过访谈领域专家，获取不同条件下支护方案经验，支护参数及相关技术措施。根据调查问卷的归纳和统计，以确定的影响支护方案的关键因素为指标，分析提取问卷中相关参数，建立现场工程典型案例知识库（图 8 - 1 和图 8 - 2）。

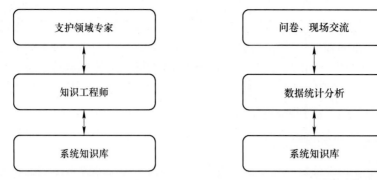

图 8 - 1 基于专家知识提取流程图   图 8 - 2 基于问卷、现场交流知识提取流程图

（2）基于机器学习。从专家提供的经验性知识中归纳学习知识。对于用户设计较为理想的方案进行保存学习，从而作为下一次方案预测的典型案例。

（3）基于神经网络自学习。利用神经网络技术，系统可以根据数据库中一定数量的典型案例进行自组织、自学习，不断地充实、丰富专家系统中原有的知识库。

典型案例知识库提取知识的核心是把现场收集到的初始条件和支护方案经过分析，整理出在不同初始条件下的支护规则，从而来指导现场实际。下面以表8 - 1为例来说明知识的分析和提取。

表 8 - 1   各类回采巷道合理的锚杆支护技术选择

巷道围岩稳定性类别	顶板基本支护形式	两帮基本支护形式	支护材料性能指标要求	锚杆类型及锚固形式选择	支护参数选择
I	整体石灰岩顶板和其他岩层顶板根据节理情况布置单体锚杆	1.3m 及以下煤层：单锚杆；1.3m 以上煤层：锚杆 + 网	顶板锚杆：杆体直径≥18mm，设计锚固力≥70kN，锚杆长度≥1.6m；两帮锚杆：设计锚固力≥40kN	顶板锚杆为树脂锚杆端锚或加长锚，两帮锚杆为端锚	根据支护设计合理选择确定
II	顶板较完整：单体锚杆；顶板较破碎：锚杆 + 网	1.3m 及以下煤层：单锚杆；1.3m 以上煤层：锚杆 + 网	顶板锚杆：杆体直径≥18mm，设计锚固力≥70kN，锚杆长度≥1.8m；两帮锚杆：设计锚固力≥40kN	顶板锚杆为树脂锚杆端锚或加长锚，两帮锚杆为端锚	根据支护设计合理选择确定
III	顶板较完整：锚杆 + 钢筋梁；顶板较破碎：锚杆 + W（M）钢带 + 网	锚杆 + 网，应力集中区采用锚索加固	顶板锚杆：杆体直径≥18mm，设计预紧力≥70kN，锚固力 ≥ 100kN，锚杆长度≥1.8m；两帮锚杆：设计锚固力 ≥50kN，杆体直径 ≥18mm，锚杆长度≥1.8m	顶板锚杆为树脂锚杆加长锚，两帮锚杆为端锚或加长锚	根据矿压观测和原始资料进行支护设计合理确定锚杆支护参数

续表 8 - 1

巷道围岩稳定性类别	顶板基本支护形式	两帮基本支护形式	支护材料性能指标要求	锚杆类型及锚固形式选择	支护参数选择
Ⅳ	顶板较完整：锚杆 + M（W）钢带 + 网；顶板较破碎：锚杆 + M（W）钢带 + 网 + 锚索	锚杆 + 钢带 + 网或锚杆 + 钢筋梁 + 网，应力集中区采用锚索加固	顶板锚杆：杆体直径≥20mm，设计预紧力≥80kN，锚固力≥130kN，锚杆长度≥2.0m；两帮锚杆：设计锚固力≥70kN，锚杆长度≥2.0m，杆体直径≥20mm	顶板锚杆为树脂螺纹钢高强锚杆加长锚或全长锚，两帮为树脂螺纹钢高强锚杆加长锚	根据矿压观测和原始资料进行支护设计合理确定锚杆支护参数
Ⅴ	顶板较完整：锚杆 + M 钢带（或钢梁）+ 网；顶板较破碎：锚杆 + M 钢带（或钢梁）+ 网 + 锚索或可缩性支架	锚杆 + 钢带 + 网，应力集中区采用锚索加固	顶板锚杆：杆体直径≥22mm，设计预紧力≥80kN，锚固力130kN以上，锚杆长度≥2.2m；两帮锚杆：设计锚固力≥70kN，锚杆长度≥2.2m，杆体直径≥20mm	顶板锚杆为树脂螺纹钢高强锚杆加长锚或全长锚，两帮为树脂螺纹钢高强锚杆加长锚	

锚杆支护知识库关系如图 8 - 3 所示。

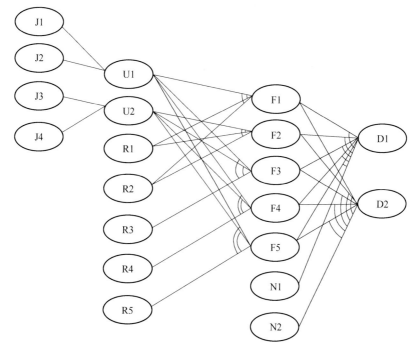

图 8 - 3 煤巷锚杆支护知识库关系

对图 8 - 3 说明如下（其中圆弧 "⌒" 表示 "and" 关系）：

J1，节理裂隙不发育或中等发育；

J2，顶板一定范围内没有软弱夹层或离层；

J3，节理裂隙发育或很发育；

J4，顶板一定范围内存在软弱夹层或离层；

U1，顶板较完整；

U2，顶板较破碎；

R1，围岩Ⅰ类；

R2，围岩Ⅱ类；

R3，围岩Ⅲ类；

R4，围岩Ⅳ类；

R5，围岩Ⅴ类；

N1，沿空留巷；

N2，过断层；

F1，锚杆＋网支护，锚杆直径不小于18mm，长度不小于1.6m，间排距不大于1000mm×1200mm；

F2，锚杆＋网支护，锚杆直径不小于18mm，长度不小于1.8m，间排距不大于1000mm×1200mm；

F3，锚杆＋网＋钢筋梁或钢带＋锚索，锚杆直径不小于18mm，长度不小于1.8m，锚索钢绞线直径17.8mm，长度不小于5m，锚入顶板硬岩1m以上，锚杆间排距不大于1000mm×1000mm，采用双路锚索梁支护；

F4，锚杆＋网＋钢带＋锚索，锚杆直径不小于20mm，长度不小于2m，锚索钢绞线直径17.8mm，长度不小于6m，锚入顶板硬岩1m以上，锚杆间排距不大于900mm×900mm，采用双路锚索梁支护；

F5，锚杆＋网＋钢带＋锚索，锚杆直径不小于22mm，长度不小于2.2m，锚索钢绞线直径17.8mm，长度不小于8m，锚入顶板硬岩1m以上，锚杆间排距不大于900mm×900mm，采用双路锚索梁支护；

D1，加强支护，在原来支护方案的基础上适当减小间排距或加大锚杆、锚索长度，改变锚索梁支护方式；

D2，加强支护，视顶板破碎程度在原来支护方案的基础上适当减小间排距或加大锚杆、锚索长度，改变锚索梁支护方式。

8.1.5　系统知识的表示

系统知识表示是将关于事实、关系、过程等以计算机识别的语言组织成为一种合适的数据结构，即知识表示是将数据结构和解释过程结合起来，如果在程序中以适当方式使用将使程序产生智能行为。同一知识可以用不同的表示方法，但在解决某一问题时不同的表示方法可能产生完全不同的效果，因此，为了有效解决问题，必须选择一种合适的知识表示方法。知识表示主要是选择合适的形式表示知识，即寻找知识与表示之间的映射。它研究的问题是设计各种数据结构，即知识的形式表示方法；研究表示与控制的关系、表示与推理的关系以及知识表示与其他领域的关系。知识表示法，又称知识表示模式或知识表示技术。因为知识有内容和形式之分，所以知识表示法也被划分为句法系统（syntactic systems）和语义系统（semantic systems）两大类。常用的知识表示如图 8 – 4 所示。

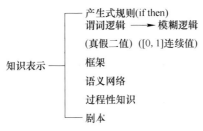

图 8 – 4　知识表示结构图

知识表示是将巷道支护设计专家知识表达成计算机能识别的语言形式，知识表示的好坏将会影响到系统的运行效率和维护升级。基于对巷道支护智能设计系统的调研、分析以及实际需求，确定以产生式规则表示知识，其优点是易于理解和推理，便于人机交换信息。例如，知识库部分内容用产生式规则表示：

规则 X1：如果（if）巷道围岩稳定性类别为Ⅳ，同时（and）顶板较完整，则（then）顶板支护形式为：锚杆 + M（W）钢带 + 网；两帮支护方案为：锚杆 + 钢带 + 网或锚杆 + 钢筋梁 + 网，应力集中区采用锚索加固。

规则 X2：如果（if）巷道围岩稳定性类别为Ⅳ，同时（and）顶板较破碎，则（then）顶板支护形式为：锚杆 + M（W）钢带 + 网 + 锚索；两帮支护方案为：锚杆 + 钢带 + 网或锚杆 + 钢筋梁 + 网，应力集中区采用锚索加固。

规则 X3：如果（if）巷道围岩稳定性类别为Ⅴ，同时（and）顶板较完整，则（then）顶板支护形式为：锚杆 + M 钢带（或钢梁）+ 网；两帮支护方案为：锚杆 + 钢带 + 网，应力集中区采用锚索加固。

8.1.6　系统知识的存储

互联网的飞速发展促使了可扩展标记语言（extensible markup language，XML）的产生，它是通用标记语言标准 SGML（standardfor general markup language）的一个子集，是一种元语言。不同于只能提供数据格式描述的 HTML，XML 提供了数据结构的描述，从而有助于进行文件内容的结构声明和语义描述。XML 由一系列规范组成，主要包括文档类型定义（document type definitions，DTD）、可扩展样式语言（extensible stylesheet language，XSL）和可扩展链接语言

（extensible linking language，XLL）。其中，DTD 定义了用户使用的所有标记以及标记之间的逻辑关系，也就是定义了元素的类型、属性以及它们之间的联系；XML 解析器根据 DTD 实现对文档有效性的检查和验证；XSL 对 XML 文档进行格式化；XLL 是 XML 的链接语言，它与 HTML 链接相似，但功能更强大。XLL 分为 Xlink 和 XPointer，分别定义 XML 文档的链接和寻址。

　　该系统知识库的存储采用 XML 文件的形式，把图 8 - 3 中的参数关系按一条一条规则依次写入到 XML 文件中去。截取存储在 XML 文件中的部分片段如下：

```
< ? xml version = "1. 0" encoding = "utf - 8"？ >
< parameter >
< usualcondition >
< rule1    preconditions = "U1andR1" > F1 </rule1 >
< rule2    preconditions = "U1andR2" > F1 </rule2 >
< rule3    preconditions = "U1andR3" > F3 </rule3 >
< rule4    preconditions = "U1andR4" > F4 </rule4 >
< rule5    preconditions = "U1andR5" > F5 </rule5 >
< rule6    preconditions = "U2andR1" > F2 </rule6 >
< rule7    preconditions = "U2andR2" > F2 </rule7 >
< rule8    preconditions = "U2andR3" > F3 </rule8 >
< rule9    preconditions = "U2andR4" > F4 </rule9 >
< rule10    preconditions = "U2andR5" > F5 </rule10 >
</usualcondition >
< fault >
< rule11    preconditions = "U1andR1" > F1D2 </rule11 >
< rule12    preconditions = "U1andR2" > F1D2 </rule12 >
< rule13    preconditions = "U1andR3" > F3D2 </rule13 >
< rule14    preconditions = "U1andR4" > F4D2 </rule14 >
< rule15    preconditions = "U1andR5" > F5D2 </rule15 >
< rule16    preconditions = "U2andR1" > F2D2 </rule16 >
< rule17    preconditions = "U2andR2" > F2D2 </rule17 >
< rule18    preconditions = "U2andR3" > F3D2 </rule18 >
< rule19    preconditions = "U2andR4" > F4D2 </rule19 >
< rule20    preconditions = "U2andR5" > F5D2 </rule20 >
</fault >
< roadway >
< rule21    preconditions = "U1andR1" > F1D1 </rule21 >
< rule22    preconditions = "U1andR2" > F1D1 </rule22 >
< rule23    preconditions = "U1andR3" > F3D1 </rule23 >
< rule24    preconditions = "U1andR4" > F4D1 </rule24 >
```

```
< rule25    preconditions = "U1andR5" > F5D1 </rule25 >
< rule26    preconditions = "U2andR1" > F2D1 </rule26 >
< rule27    preconditions = "U2andR2" > F2D1 </rule27 >
< rule28    preconditions = "U2andR3" > F3D1 </rule28 >
< rule29    preconditions = "U2andR4" > F4D1 </rule29 >
< rule30    preconditions = "U2andR5" > F5D1 </rule30 >
</roadway >
</parameter >
```

8.1.7 系统知识库的管理

知识库是一种专门存储、管理大量咨询知识的数据库，其管理是通过知识库管理平台实现的。知识库管理平台提供对知识的系统化组织、管理和控制，并能存储、查询和检索知识，是系统实施知识管理的基本工具。

8.1.7.1 知识库的结构

丰富的知识库能够发挥重要作用的关键因素是知识库中知识的质量，即知识的丰富程度、专业性和先进性。知识库不是固定不变的，而是随着系统需求的不断深入逐渐完善和发展的。支护设计系统进行了知识库模块化结构设计，主要分为支护典型案例、支护规则、矿图、解释、帮助等子模块，所有模块之间既独立又相辅相成。解释和帮助子模块基本不参与推理机的推理，主要用来为用户提供系统使用原理和帮助，便于其顺利使用该系统进行支护参数选择和工程设计。知识库结构设计如图 8 – 5 所示。

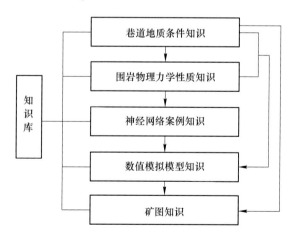

图 8 – 5 煤矿巷道支护智能设计系统的知识库结构设计

8.1.7.2 知识库的维护

知识库的常规性维护主要包括知识的录入、采集、更新和删除，知识库的备份、恢复、优化和重组，以及对知识的安全性和保密性的维护。知识库维护结构如图 8-6 所示，其各自实现的主要功能如下：

（1）知识存入。主要实现了支护智能设计系统知识库中相关知识的添加、删减、更新和修改等功能。在将新知识存入知识库中时会出现相容性和冗余性的问题，即会产生矛盾和多余知识的现象。因此，在进行相关操作时要克服以上问题，将知识转化为计算机能够识别的语言和表达方式存入知识库，进而对知识库进行可执行的相关操作。

（2）知识查询和检索。知识库是系统的核心，也是系统的大脑。知识库不是一成不变的，在任何需要的情况下应能够从知识库中提取知识，查看知识。在本系统中知识工程师可随时对知识库进行检索，用户通过知识引擎实现检索，可以查看想要了解的知识结构和原理。

（3）知识更新。系统知识库是动态的，随着支护技术的发展和计算机技术的变化而不断完善，这样才能最大程度保证知识库知识具有前沿性、先进性。因而，需要不断地对知识的内容、结构、相互之间的关系以及所涉及的关键词等作出调整，以便能够更好地为系统推理机提供支持，实现系统推理的正确性、高效性和合理性。

（4）知识库一致性维护。当用户对知识库中的知识进行了增加、删除、修改等操作后，新知识与旧知识应该在语义上保持一致。

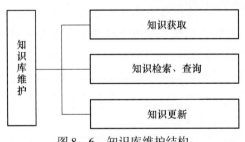

图 8-6　知识库维护结构

8.2　煤矿巷道支护智能设计系统推理机设计

事实上，推理机就是根据计算机语言编写的一组程序，这些程序是基于系统实际需要而建立的算法和思路。推理是指从已知事实出发，运用已掌握的知识，推导出其中蕴含的事实性结论或归纳出某些新的结论的过程。其所用的事实可分为两种情况，一种是与求解问题有关的初始证据，另一种是推理过程中所得到的中间结论，这些中间结论可以作为进一步推理的已知事实或证据，为系统推理新的未知问题提供参考。

8.2.1　系统推理机设计的要求

评价一个推理机设计优劣的标准是：基于有效知识库的推理效率的高低及推

理结果的准确与否。推理机功能的充分发挥与专家知识库有重要的关系，丰富的专家知识库是推理机高效运行的前提条件。因此，在知识库提供充分保障的前提下，煤矿巷道支护智能设计系统推理机的设计主要考虑以下几个方面的原则：

（1）能够快速、高效推理出需要的结果。

（2）能够选择最合适的知识库规则匹配项。

（3）能够选择最优的推理策略和方式。

（4）推理方式具有较高的智能性。

（5）推理的结果应具有较高的准确性和可靠性。

系统推理机结构如图 8-7 所示。

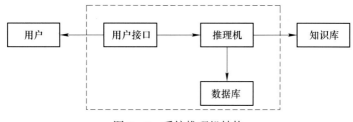

图 8-7 系统推理机结构

8.2.2 系统推理机控制策略的实现

推理的终极目的是解决问题。推理的控制策略包括推理方向、搜索策略、冲突消解策略、求解策略、限制策略等，而推理方法指在推理控制策略确定之后，在进行具体推理时所要采取的匹配方法或不确定性传递算法等。

（1）推理方向。它用于确定推理机的驱动方式，可以分为正向推理、逆向推理、混合推理及双向推理 4 种。

（2）搜索策略。搜索策略用于确定推理路线。常用的搜索策略有状态空间的盲目搜索，如宽度优先搜索、深度优先搜索、有界深度优先搜索、代价树的宽度优先搜索。

（3）冲突消解策略。冲突消解的任务是解决冲突，即已知事实可与知识库中的多个知识匹配时，需要从中挑选一个用于当前的推理。

（4）求解策略。推理是只求一个解，还是求解所有的解或是最优的解等。

（5）限制策略。为防止无穷的推理过程，以及由于推理过程太长而增加时间及空间的复杂性，可以在控制策略中指定推理的限制条件，以对推理的深度、宽度、时间、空间等进行限制。

推理方向用来确定推理的驱动方式，即数据驱动或目标驱动。数据驱动指推理过程从初始证据开始直到目标结束；目标驱动指推理过程从目标开始进行反向推理，直到出现与初始证据相吻合的结果。按照推理方向的控制，推理可以分为正向推理、反向推理和双向推理 3 种。本系统采用了正向推理的方法，下面对正向推理的概念及流程进行阐述。

正向推理方法是从已知事实出发，正向使用推理规则，是一种数据驱动的推理方式。正向使用推理规则指使用工作数据库中的事实去匹配知识库中规则的前提条件，从而选取推理规则。其基本思想是用户事先提供一组初始数据，并将其放入动态数据库，推理开始后，推理机根据动态数据库中的已有事实到知识库中寻找当前匹配的知识，形成一个当前匹配的知识集，然后按照冲突消解策略，从该知识集中选择一条知识作为启用知识进行推理，并将推出的事实加入动态数据库，将其作为后续推理时可用的已知事实。重复这一推理过程，直到目标出现或知识库中再无可用的知识为止。系统正向推理流程参见第 2 章图 2 - 3。

下面以系统 Calculation 函数计算过程的代码为例说明正向推理表达方式。Calculation 函数的实现过程，是在事实参数读取的基础上按照专家知识库中的知识进行分析计算，并将分析结果返回给 OnButtonCalculation 函数。

```
void JYGS::Calculation(double B,double K,double S,double & L,double & D)
{
    double L2,L3;            //定义双精度变量
    L = K * (1.1 + B/10);   //锚杆锚入长度的计算
    L2 = B/3;               //中间变量 L2 的计算
    L3 = 2 * S;             //中间变量 L3 的计算
    if(L < L2)              //对长度 L 进行判断,若是符合将执行下一步,否则跳过
    L = L2;                 //把 L2 的值赋给 L
    if(L < L3)              //对长度 L 进行判断,若是符合将执行下一步,否则跳过
    L = L3;                 //把 L3 的值赋给 L
    D = 0.5 * L;            //锚杆间距的计算
    if(3 * S < D)           //将 D 与 S 比较,若是符合就执行下一步,否则跳过
    D = 3 * S;              //把 S 的值赋给 D
}
```

从上面的实例可以看到，该系统的推理方式为正向推理，就是从基本事实出发，应用知识库中的知识与事实匹配，若是匹配成功就按照知识库的结论执行函数体内容，从而实现了利用专家知识来控制变量的目的。

8.2.3　系统推理方式

推理机的作用是使知识库中的知识得到充分、合理、有效地利用，使各个组成部分构成一个统一的协调一致的有机整体。专家系统的智能化水平和实用化程度取决于专家知识的水平和推理的科学性程度。根据系统设计实际需求，采用了确定性推理和不确定性推理两种方式。

（1）确定性推理。确定性推理是指前提与结论之间有确定的因果关系，并

且实时与结论都是确定的。在系统中，使用确定性推理方式的知识和数据都是完整精确的，推理所得的结论也是确定并被认可的。如基于支护规范获取的知识，就是按照一定的规则，已知确定的前提条件，得到匹配的结论，如锚杆长度的计算，根据排距、间距计算巷道材料用量等。

（2）不确定性推理。知识库作为人工智能的核心之一，其既有大家公认的普遍规律性的一般原理，又具有大量的不完全确定的专家知识，即知识带有模糊的、随机的、不可靠或未被完全认可的不确定因素。由于在工程理论研究中完全确定的事情相对不多，不确定性推理即是通过某种推理得到问题更为精确的判断和预测。煤巷支护方案智能设计中的围岩稳定性分类和神经网络预测巷道初始支护参数就用到了这种推理方式。

8.2.4 系统推理机制

8.2.4.1 基于分层技术的推理

巷道支护智能设计系统采用了分层推理技术，第一步推理的结论和信息自动转为第二步推理的一部分前提条件的验证依据。在基于支护案例的不精确推理中，支护知识库中实例规则的前提条件与原始输入数据可能不完全一致。因此，在决定选择哪条案例规则进行推理时，要将原始数据与案例规则的前提进行匹配，就是考虑他们匹配度即相似度的问题。系统的分层推理技术加快了事实与案例规则的匹配速度。图8-8所示为案例分层推理流程。推理算法描述如下：

（1）提出问题。用户根据系统要求输入巷道支护方案决策的初始条件及其他相关信息，并将数据存储在数据库中，比如巷道形状、围岩类型等。

（2）搜索专家知识实例库。当原始数据的某个属性与支护专家知识实例库中的前提条件相似，即锁定该实例进行下一条件的匹配。否则，推理结束并进行下一个实例的搜索和匹配。例如，绘图知识库中表示规则如下：

```
if( m_mgjj > = leanlength/2)      //前提部分；
  {
  ……                          //结论部分；
  }
```

（3）最大匹配度。从相似巷道支护方案实例中找出最相似的实例或通过多个实例的组合，选择匹配度最大的实例形成目标问题的解决方案，通过对目标方案的修改来满足当前要求。

匹配度是指本次支护原始条件与某条巷道支护实例的原始条件的匹配程度。它不仅和匹配的条件个数有关，而且还和原始条件各因素对支护方案的权重有关。匹配度可按下式计算：

$$a_i = \sum_{j=1}^{n_i} w_{ij}$$

式中　a_i——与第 i 个实例的匹配度；

　　　n_i——与第 i 个实例匹配的条件的个数；

　　　w_{ij}——与第 i 个实例匹配的第 j 个条件的权重。

根据实际情况确定每个原始条件的权重，并在最大匹配度对应多个实例时进行相似度的计算，具体计算在程序设计中予以考虑。

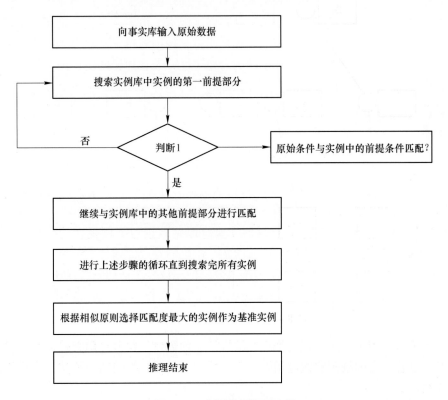

图 8 - 8　案例分层推理流程

8.2.4.2　基于根状结构的推理

除了分层推理，在案例知识库中的案例规则化之后，所有规则是按照推理根状结构进行组织的，规则对象之间的逻辑关系靠节点来体现，所有节点都汇总到根节点，案例规则蕴含在对象的逻辑关系之中。以巷道围岩稳定类别为基准的规则推理为例，系统决策根状结构推理如图 8 - 9 所示。

图 8 - 9 中，Ⅰ、Ⅲ、Ⅴ表示巷道围岩稳定性类别，为支护决策方案的主要判定条件；D_1、D_3、D_5 表示顶板的支护条件，为判定条件；B_1、B_{31}、B_{32}、B_{51}、B_{52} 表示巷道两帮支护形式，为支护方案决策内容的一部分；C_1、C_{31}、C_{32}、C_{51}、C_{52} 表示最终的支护参数。

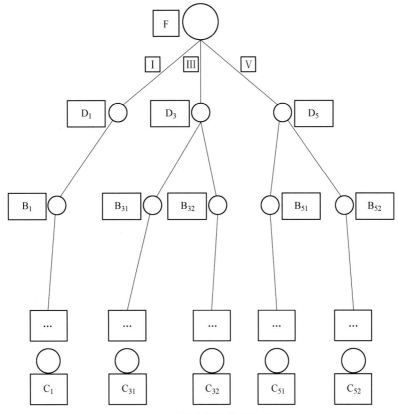

图 8 – 9 系统决策根状结构推理

　　系统基于规则采用了正向推理树结构的推理策略。这种推理策略从基本事实出发，沿着一定的推理路线应用知识库中的知识，不断推出新的事实，直至推出最终结论。

　　用户根据系统提示输入原始数据，如巷道围岩的稳定性类别以及顶板岩石破碎程度，并由系统将原始数据保存在数据库。系统基于规则库中分条量化的规则对原始条件的输入进行判断和匹配，若匹配成功则形成推理根结构的基本分支部分，基于该分支对相似匹配度较大的条件进行锁定并继续进行下一条规则的匹配，此时将沿着树形结构的分支向子分支部分延伸，直到推理完成，得出支护方案所需要的全部结论。

8.2.4.3 基于神经网络的推理

　　神经网络推理是基于系统典型案例知识库，通过神经网络自学习功能完成知识的学习，并确定得到传输函数，根据待预测巷道原始参数"推理"出支护参数。该神经网络系统主要实现的是巷道初始支护方案。

　　系统运行结果证明，基于系统需要确定的典型样本数据量，根据改进的神经网络传递函数输出支护方案关键参数，可以实现对巷道初始支护关键参数的科学合理的预测，为系统数值模拟优化提供数据源。

8.2.5　煤矿巷道支护智能设计系统推理机的建立

煤矿巷道支护智能设计系统推理机主要有两种：

（1）围岩稳定性分类模型推理机。基于典型巷道知识库、地质力学知识库和专家知识，通过模糊综合聚类分析及计算机规则推理后，实现巷道围岩稳定性分类模型的建立。其基本的结构如图 8 – 10 所示。

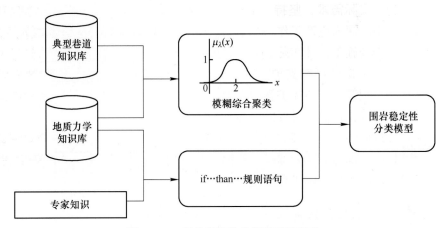

图 8 – 10　围岩稳定性分类推理机结构

（2）支护参数模型推理机。基于典型巷道知识库、支护材料知识库和专家知识，通过 BP 神经网络及工程类比推理后，实现巷道支护参数模型的建立。其基本的结构如图 8 – 11 所示。

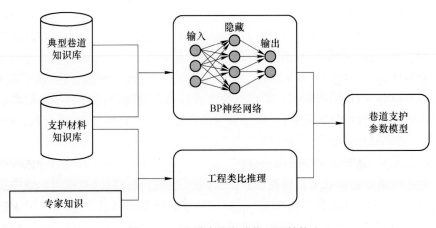

图 8 – 11　巷道支护方式推理机结构

9 煤矿巷道支护智能设计系统工程应用

煤矿巷道支护智能设计系统是集围岩稳定性分类、神经网络预测、数值模拟优化、矿图自动绘制及支护报告生成为一体的开放式智能系统。系统研发立足我国煤矿巷道施工实际需求，坚持"专业、智能、实用"为主要目标。在整个系统的研发过程中，深入生产工作一线与相关技术人员和行业专家沟通交流，以使系统操作符合现场施工设计实际，为我国煤巷支护设计提供更好的技术服务。系统应用于我国多个矿区煤巷支护方案设计，其结果表明系统设计方案合理、可行，与实际情况相符。煤巷支护智能设计系统为更好地实现合理、科学、高效的支护方案预测和优化提供了必要的参考。

基于系统适应的巷道类型和特点的基础上，选择了霍州煤电三交河煤矿、辛置矿、李雅庄矿、邯郸矿业云驾岭矿及汾西矿业新柳矿的有关巷道，介绍煤巷支护智能设计系统的现场实际工程应用。

9.1 霍州煤电三交河煤矿 2-6011 巷

9.1.1 2-6011 巷地质及支护概况

9.1.1.1 2-6011 巷地质概况

A 煤矿位置及煤层

三交河煤矿为山西汾河焦煤股份有限公司下属矿之一。该矿始建于1971年，至今已开采生产30余年。1978年和1982年曾先后经过两次改扩建，设计能力前期为30万吨/年，后期为90万吨/年。

井田南北长7.75km，东西宽4.70km。井田内含煤地层共含有11层煤，其中含可采煤层4层：山西组的2-1、2-2号煤层为全井田稳定可采煤层，太原组的11号煤层为基本全井田可采煤层，太原组的10号煤层为不稳定局部可采煤层。

B 煤层赋存特征及围岩性质

2-6011巷沿2号上煤层顶板掘进，煤层倾角2°~10°，平均6°，构造简单，稳定可采；直接顶0~5m，以泥岩、砂质泥岩为主（夹煤线，局部相变为粉砂岩），基本顶为3~5m灰白色K8中砂岩，中厚层状，致密坚硬；直接底为2~5m灰黑色泥岩，厚度变化大，结构复杂不稳定，厚度增厚时变为砂质泥岩或细砂岩，致密坚硬。煤层顶底板情况见表9-1。

表 9 - 1　煤层顶底板情况

顶底板名称		岩石名称	厚度	岩 性 特 征
顶板	基本顶	K8 中砂岩	3～15m	灰白色，中粗粒石英砂岩，中厚层状，致密坚硬，裂隙发育，稳定
	直接顶	泥岩、砂质泥岩	0～5m	灰黑色，局部相变为粉砂岩，夹煤线，灰黑色，含植物化石
底板	直接底	泥岩、砂质泥岩	2～5m	灰黑色，局部相变为砂质泥岩，致密较硬
	基本底	中砂岩	8m	深灰色，中厚层状，石英为主，水平层理，致密坚硬

C　地质构造

工作面煤层整体呈背、向斜相间的褶曲构造形态，工作面顶板节理发育，走向 N30°～50°E，节理密度 4～7 条/m，工作面构造类型属中等复杂。

D　水文地质与煤岩层赋存特征

本巷道地表径流条件好，能够影响到工作面掘进的含水层主要为 K8 砂岩含水层，含有裂隙水。因 2 - 6031 工作面在掘进期间存在大量的淋头水，直接影响到工作面正常生产。巷道掘进过程中，执行"有掘必探，先探后掘"的原则进行探放；掘进中正常涌水量 10～15m³/h，最大涌水量 15～20m³/h。

工作面 2 号煤层总厚度为 1.8～2.3m，平均厚度 2.13m，直接顶以泥岩、砂质泥岩为主。煤层特征情况见表 9 - 2。

表 9 - 2　煤层特征情况

项　　　目	参　　　数
煤层厚度（最小～最大/平均）/m	1.8～2.36/2.13
煤层倾角（最小～最大/平均)/(°)	2～10/6
煤层硬度 f	2.0
煤层层理（发育程度）	中等发育
煤层节理（发育程度）	发育
自然发火期/d	不明
绝对瓦斯涌出量/m³·min^{-1}	1.8

9.1.1.2　2 - 6011 巷道支护设计方案

A　支护参数设计

基于同类围岩条件支护方式，2 - 6011 巷工作面永久支护形式适合选用锚杆、网、梁、锚索槽钢支护。

（1）帮锚杆参数。根据本矿巷道实际情况及相邻矿井小采高帮部支护情况，利用工程类比法，确定帮锚杆选用 ϕ14.6mm × 1000mm 的圆钢锚杆，选用 CK2340 型树脂锚固剂 1 卷，根据实际情况煤层顶板倾斜，帮部锚杆间排距左帮 1200mm × 1500mm、右帮 1100mm × 1500mm。

（2）锚索补强支护。锚索补强支护将巷道顶部煤岩锚固到其以上的稳定岩层中，目前广泛使用的是 φ17.8mm 规格的低松弛高强度预应力钢绞线。结合顶部煤岩层厚度及岩性，采用工程类比法，孔深选取 6m，锚索长度为 6.2m。锚索间距设计取 2.0m，排距取 3.6m，布置在巷道的中间位置，如遇破碎带可适当加密。

B 支护方式

巷道支护采用锚网梁、锚索联合支护方式。

当顶板完整时，顶锚杆"五·五"布置，间排距 900mm×1200mm，肩角锚杆距帮 200mm；锚索"二·一"布置于顶板正中，排距 3600mm，锚索眼深 6000mm；帮部采用锚网梁支护方式，锚杆"三·三"布置，间排距 1100mm×1500mm、1200mm×1500mm，最上排锚杆距顶板 250mm。

当顶板破碎、有淋水及断层时，采取小循环作业方式并及时缩小间排距。顶锚杆"五·五"布置，间排距 900mm×1000mm；锚索长度 8200mm，"二·二"布置，间排距 2000mm×3000mm；帮部锚杆"三·三"布置，间排距 1100mm×1000mm、1200mm×1000mm。

9.1.2 系统工程应用

基于三交河矿待设计煤巷工程地质与基本物理参数，应用煤巷支护智能设计系统进行围岩稳定性分类、神经网络预测及数值模拟分析，最后由系统给出合理的支护方案，将该支护方案应用于三交河煤矿 2 – 6011 巷道支护设计中，以此来检验系统的准确性，并对巷道的支护情况进行定性描述。

9.1.2.1 待设计工程项目的建立

启动系统进入主界面后，可以新建一个巷道支护设计工程或者打开一个已经存在的巷道支护设计工程。基于三交河煤矿巷道，在矿井名称中选择"三交河"，主界面工程名称中填入"2 – 6011 巷"，工作路径可根据需要自行设定，本工程项目选择路径为桌面，如图 9 – 1 所示。

图 9 – 1 工程项目建立

在完成以上基本信息的选择和输入之后点击"确定"按钮，系统自动进入操作窗口，如图 9 – 2 所示。其中，工作区上方为工具栏，包括项目、视图、操作、报告和帮助 5 个选项。项目菜单中主要有与文件建立与保存相关的子菜单；视图菜单主要为与界面控制相关的操作等子菜单，如查看工具栏、显示项目区及状态栏等相关操作；操作菜单包含退出登录与清除信息区两个下拉选项；报告菜单为生成支护报告；帮助菜单主要是系统的使用帮助，如图 9 - 3 所示。

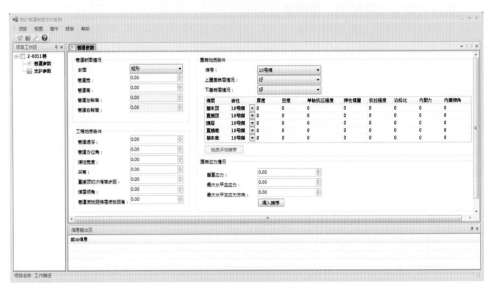

图 9 - 2　系统操作窗口

图 9 - 3　系统工具栏相关选项

9.1.2.2　参数信息输入

参数信息输入主要包含以下部分：项目工作区、信息输入区与信息输出区。项目工作区为项目的主要信息，包括巷道名称及其下属的巷道参数与支护参数；信息输出区主要为提示信息，如生成支护报告的提示；信息输入区为本系统的主要部分，主要包括：巷道断面情况、工程地质条件、围岩地质条件及围岩应力状况的输入，各部分包含对应的巷道参数输入，并含有一些下拉式选项。信息输入区不仅包含 BP 神经网络所设定的输入向量参数，还包括一些巷道基本地质条件及围岩状况，其主要目的是为了下一步的 FLAC^{3D} 数值模拟提供数据支持。

点击项目工作区中巷道参数后，系统出现参数输入界面。将 2-6011 巷的相关地质参数输入到系统中，包括该巷道基本的围岩地质条件等。围岩应力状况选择调入推荐，最终得输入条件如图 9-4 所示。

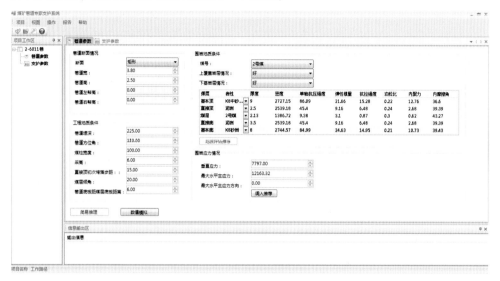

图 9-4 工程参数信息输入

经过上述步骤后，点击数值模拟，系统自动运行到下一步，利用 BP 神经网络预测模块获得巷道支护初始设计参数，如图 9-5 所示。

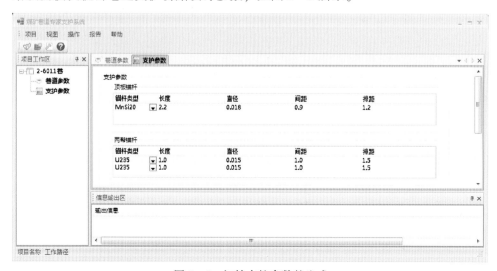

图 9-5 初始支护参数的生成

　　系统经过推理运算得到顶板及两帮的锚杆支护参数，将锚杆支护参数与工程实际支护参数数据进行对比，如表 9 – 3 所示。

表 9 – 3　系统预测支护参数数据对比情况

位置	方案	型号	长度/m	直径/mm	间距/m	排距/m
顶板	预测	MnSi20 型	2.2	18	0.9	1.2
	实际	MnSi20 型	2	18	0.9	1.2
	相对误差	0	10%	0	0	0
两帮	预测	U235 型	1	15	1.0	1.5
	实际	圆钢锚杆	1	14.6	1.1	1.5
	相对误差	0	0	3%	9%	0

　　由对比数据可知，系统预测的参数与实际工程参数的平均误差为 2.2% ，保持在合理的范围内，能够很好地切合该巷道的支护设计，验证了系统对于该巷道支护参数预测的可行性。

9.1.2.3　FLAC³D 数值模拟及支护报告的生成

　　支护参数全部输入完成后，单击底部的 "精确模拟" 按钮，即可调用 FLAC³D 软件进行数值模拟。数值模拟完成后，如果满足稳定性要求，就可以单击工作区工作条 "报告" → "支护报告"，生成支护报告。如果无法满足稳定性要求，就需要回到支护参数选项卡，修改支护参数，再次进行数值模拟，直到满足稳定性要求为止，再单击工作区工作条 "报告" → "支护报告"，生成支护报告。

　　点击 "精确模拟" 按钮，系统调用 FLAC³D 软件进行支护参数分析优化，如图 9 –6 所示。

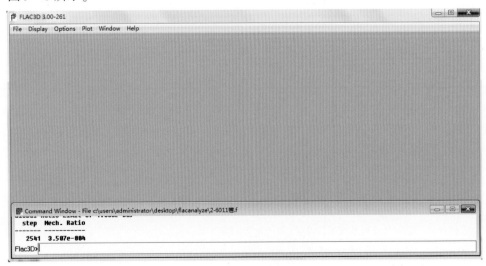

图 9 – 6　FLAC³D 模拟分析

通过模拟分析，得到图9-7～图9-13所示的最终支护方案效果。

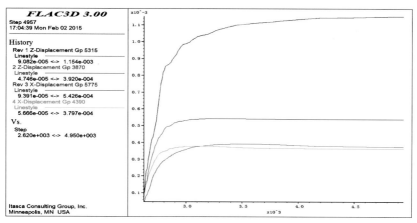

图9-7 表面收敛图

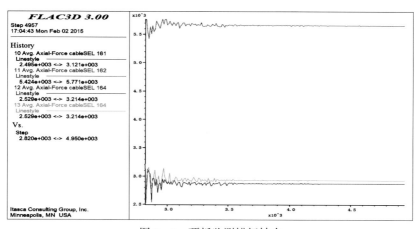

图9-8 顶板监测锚杆轴力

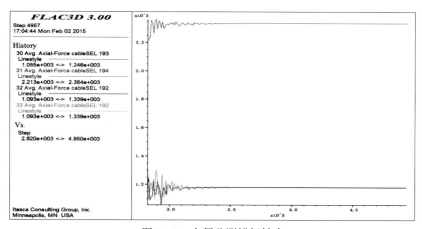

图9-9 右帮监测锚杆轴力

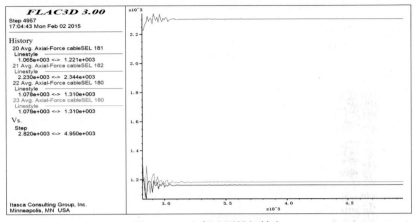

图 9 – 10 左帮监测锚杆轴力

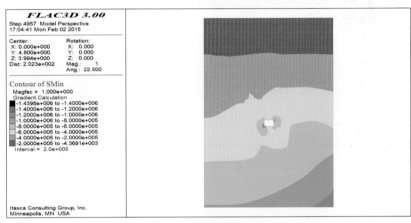

图 9 – 11 最小应力云图

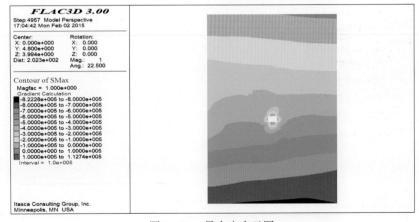

图 9 – 12 最大应力云图

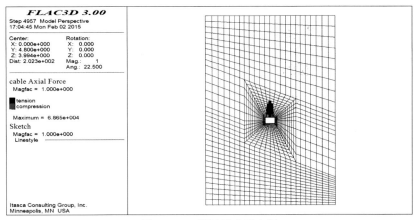

图 9-13 锚杆锚索受力图

运行完成后，点击主界面"报告"按钮，可在文件设定路径下生成支护方案报告，如图 9-14 和图 9-15 所示。

图 9-14 支护报告的生成

三交河煤矿

2-6011 巷支护设计报告

霍 州 煤 电 三 交 河 矿

图 9-15 支护设计报告

9.2　霍州煤电辛置矿 10 - 4151 巷

9.2.1　10 - 4151 巷地质及支护概况

9.2.1.1　10 - 4151 巷地质概况

A　巷道穿越的煤（岩）层和围岩特征

巷道地面位置位于南东村东侧，董家庄西侧，多为荒地且较平坦，黄土覆盖厚度 114 ~ 166m，基岩厚度 172 ~ 200m。工作面位于采区东南部，西面为东四轨道巷、皮带巷，北面为 10 - 413 工作面。

煤层赋存情况：10 号煤稳定，煤层结构复杂，含两层夹矸。

煤层顶底板情况如表 9 - 4 所示。

表 9 - 4　煤层顶底板情况

名　称		岩性	厚度/m	岩性特征
顶板	老顶	K2 灰岩	7.0 ~ 9.0	深灰色，致密坚硬，夹燧石条带
		9 号煤、泥岩	2.3	9 号煤结构简单，层厚 0.9m；泥岩呈薄层状，黑色，层厚 1.4m
底板	直接底	砂质泥岩	0.8	灰黑色，含黄铁矿结核
	老底	中 - 细砂岩	6.0 ~ 8.0	灰白色，呈中厚层状

B　地质构造情况

工作面地质构造情况如表 9 - 5 所示。

表 9 - 5　工作面地质构造情况

	构造名称	走向	倾向	倾角/(°)	落差/m	长度/m	对掘进的影响
地质构造情况	F1	N35°E	NW	45	4.5	332	有一定影响
	F2	N52°E	NW	47	3.0	128	有一定影响
	F3	N35°E	NW	44	2.3	64	对掘进影响较小
	F4	S58°W	SE	45	9.0	353	对掘进影响较大
	F5	N45°E	SE	63	12.0	314	对掘进影响较大
	F6	N63°E	NW	63	7.0	418	对掘进影响较大
	10 - 4151 工作面整体为褶曲构造，工作面中部较低，为褶曲轴部，西北翼、东南翼较高，煤层平均倾角 4°，工作面煤层主节理产状 N60°E，NW，∠80°。						

C　水文地质情况

工作面整体为褶曲构造，工作面中部较低，为褶曲轴部，西北翼、东南翼较高。根据已经掘进的 10 - 4131 巷工作面水文资料分析，当巷道掘进至褶曲轴部时，涌水量较大，预计工作面正常涌水量为 50m³/h，最大涌水量为 80m³/h。

工作面为带压开采，为防止构造导水，必须坚持"有掘必钻"的防治水工作办法，严格按照业务科室下发的允许掘进通知单进行施工。10 - 4152 巷工作面邻近 10 - 4131 巷，水文资料已经清楚，根据已掘 2 号煤地质资料显示，工作面可能擦过 91 号和 130 号陷落柱。为验证陷落柱不导通水，必须对其进行探放水，确认安全后，方可继续进行施工。

D 影响回采的其他因素

影响回采的其他因素如表 9 - 6 所示。

表 9 - 6 影响回采的其他因素

瓦　斯	瓦斯相对涌出量为 0.35m³/t，为低瓦斯煤层			
煤　尘	属爆炸性煤层			
普氏硬度	煤层	夹矸	直接顶	直接底
	1.5	1.5	2.5	3.5

9.2.1.2 巷道断面及支护形式

工作面所掘巷道断面规格及尺寸如表 9 - 7 所示。

表 9 - 7 工作面所掘巷道断面规格及尺寸

项目名称	支护形式	断面形状	毛宽/m	净宽/m	毛高/m	净高/m	毛断面/m²	净断面/m²
10 - 4151 巷	复合	矩形	4.2	4.0	3.4	3.4	14.28	13.6
10 - 4152 巷	复合	矩形	4.2	4.0	2.7	2.6	11.34	10.4
10 - 415 切巷	复合	矩形	6.0	5.8	2.7	2.6	16.2	15.08

9.2.2 系统工程应用

9.2.2.1 10 - 4151 巷支护设计

基于辛置矿 10 - 4151 巷，在矿井名称中选择"辛置矿"，主界面工程名称中填入"10 - 4151 巷"，工作路径设定为桌面，如图 9 - 16 所示。

对 10 - 4151 巷进行支护设计验证，将前述有关巷道参数输入到系统中，得到输入信息如图 9 - 17 所示。

经过上述步骤后，点击"数值模拟"按钮，系统进行下一步，利用 BP 神经网络算法得到巷道支护参数，如图 9 - 18 所示。

系统经过后台运算得到顶板及两帮的锚杆支护参数，与原支护数据对比如表9 - 8 所示。

由此可以看出，系统对锚杆支护参数的预测平均误差为 2.23%，保持在合理的范围内，能够很好地贴合该巷道的支护设计，验证了系统对于初始支护参数预测的可行性。

图 9 – 16　工程项目建立

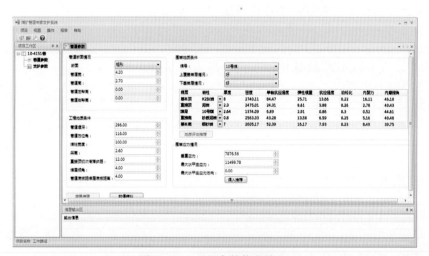

图 9 – 17　工程参数信息输入

表 9 – 8　系统预测支护数据

位置	预测类型	型号	长度/m	直径/mm	间距/m	排距/m
	预测	MnSi20 型	2	18	0.75	1.0
顶板	实际	MnSi20 型	2	18	0.8	1.0
	相对误差	0	0	0	6.25%	0
	预测	MnSi20 型	2	16	0.8	0.95
两帮	实际	MnSi20 型	2	18	0.8	1.0
	相对误差	0	0	11%	0	5%

图 9-18 初始支护参数的生成

9.2.2.2 FLAC^{3D}数值模拟及支护报告的生成

通过以上步骤后,点击"支护参数"界面中的"精确模拟"按钮,系统自动调用 FLAC^{3D}软件,进行支护设计验证,如图 9-19 所示。

图 9-19 FLAC^{3D}模拟分析

通过模拟验证,得到最终的支护方案效果,如图 9-20 ~ 图 9-26 所示。

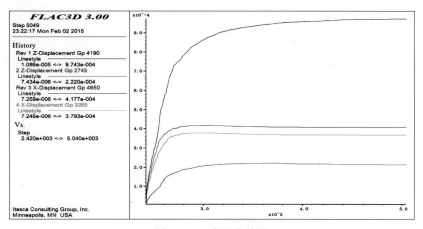

图 9 - 20　表面收敛图

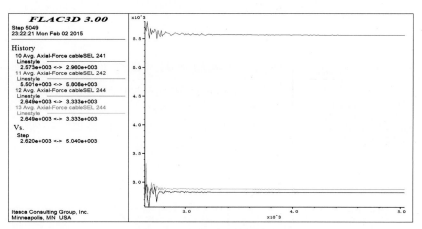

图 9 - 21　顶板监测锚杆轴力

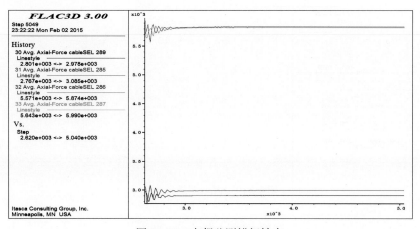

图 9 - 22　右帮监测锚杆轴力

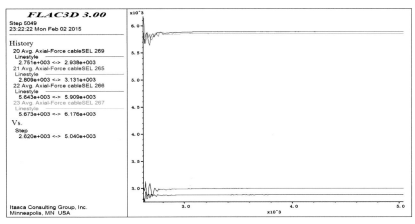

图 9 - 23　左帮监测锚杆轴力

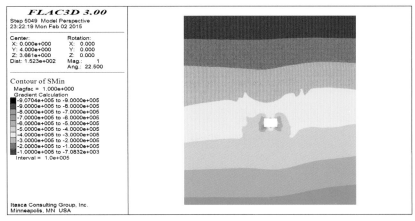

图 9 - 24　最小应力云图

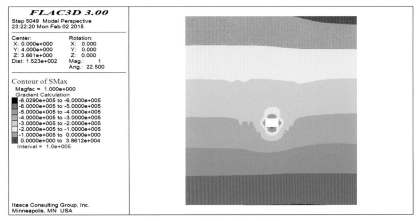

图 9 - 25　最大应力云图

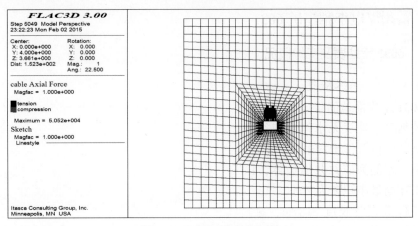

图 9 - 26　锚杆锚索受力图

点击主界面"报告"按钮，在桌面上生成支护报告，如图 9 - 27 和图 9 - 28 所示。

图 9 - 27　支护报告的生成

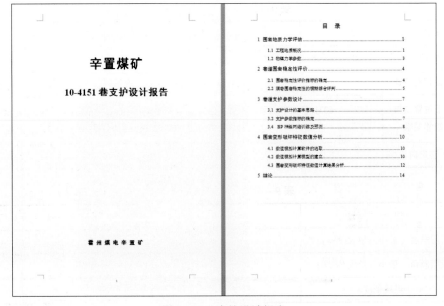

图 9 - 28　支护设计报告

9.3　霍州煤电李雅庄矿6031巷

9.3.1　6031巷地质及支护概况

9.3.1.1　基本概况

6031工作面地面位置位于郝家腰村东侧，地表大部分为黄土覆盖，为低山区丘陵地带。地表无水体，沟谷在雨季会有雨水流经，除村内道路外无其他公路。其井下位置位于六采区下部前进方向的右翼，为六采区下部右翼第一个回采工作面，左侧为矿井井田边界，1500m后右侧为226采空区，该采空区距6032掘进工作面最小距离为20m。

6031巷设计长度2187m，掘进方位角为216°40′，沿2号煤层掘进，位于6031圈定工作面的左侧，距离矿井井田边界25m，设计用途为6031工作面的皮带运输巷。

6031巷掘进工作面总体大致为缓向斜状构造，走向约为60°，倾角约5°，构造发育，掘进期间共揭露7断层条，均为正断层。依据距离该工作面最近的L-17b钻孔资料及掘进时实际掌握的情况，该工作面煤厚1.8~3.56m，平均厚度2.7m，煤层倾角3°~13°，平均倾角5°。

9.3.1.2　地面相对位置及地质情况

6031巷井上下关系对照情况如表9-9所示，煤层特征情况如表9-10所示，顶底板岩层情况如表9-11所示。

表9-9　关系对照情况表

煤层名称	2号煤	水平名称	+355m	采区名称	六采区
地面标高/m	+806~+906	工作面标高/m	+200~+250	埋藏深度/m	+628~+650
地面相对位置	位于郝家腰村以东，大部分为黄土覆盖，为低山区丘陵地带				
井下位置及与四邻关系	6031巷位于六采区轨道巷末端右翼，属六采区右翼最边界回采面，左侧为矿井人为边界，距巷道开口1500m后右翼为226采空区				
6031巷走向长/m	2187				

表9-10　煤层特征情况表

项　　目	单　位	指　标	备　注
煤层厚度（最小~最大/平均）	m	2.84~3.56/3.34	
煤层倾角（最小~最大/平均）	(°)	5~13/6	
煤层硬度	f	0.6~1	

表 9 - 11　顶底板岩层情况表

名　　称		岩层名称	平均厚度/m	岩　石　性　质
顶板	老顶	中细砂岩	4	深灰色，少量层面小裂隙，含植物化石碎片
	直接顶	粉砂岩	4.5	灰黑色，致密块状，含少量植物化石碎片，少量砂质条带
	伪顶	粉砂岩	0.425	深灰色、黑灰色平行斜层理，泥质胶结
底板	直接底	细粒砂岩	2.5	粉砂岩，灰黑色，含少量植物化石碎片，具方解石细脉
	老底	砂质泥岩	2.1	黑色，略含粉砂质，水平层理局部性脆

9.3.1.3　巷道布置及支护说明

6031 工作面位于六采区下部前进方向右翼，沿煤层走向布置。其中 6031 巷设计全长 2187m，巷口往里 117m 右手帮有 6031 回风联巷。

A　巷道断面

巷道断面情况如表 9 - 12 所示。

表 9 - 12　巷道断面情况

巷道名称	断面形状	巷高/m		巷宽/m		断面积/m²	
		毛高	净高	毛宽	净宽	毛断面	净断面
6031 巷	矩形断面	3.1	3.0	5.2	5.0	16.12	15.0

B　支护参数的选择

a　锚杆长度计算

（1）按锚杆的悬吊作用计算顶锚杆的参数：

$$L = KH + L_1 + L_2$$

$$H = B/2f$$

式中　L——锚杆长度，m；

　　　H——自然平衡拱高度，m；

　　　K——安全系数，一般取 $K = 2$；

　　　L_1——稳定岩层中锚杆深度，一般取值为 0.5m；

　　　L_2——锚杆外露长度，一般为 0.1m；

　　　B——巷道开掘宽度，取最大 5.0m；

　　　f——岩石坚固性系数，取 5。

　　则 $H = 5.0/(2 \times 5) = 0.50$m

　　$L = 2 \times 0.50 + 0.5 + 0.1 = 1.60$m，取 2.0m

（2）经验对比法。目前6021巷掘进工作面与6031巷相邻，6021巷在掘进期间锚杆长度均为2m。鉴于6021巷掘进期间巷道变化不大，支护能够满足安全生产要求，所以6031巷掘进工作面锚杆使用2.5m长足够满足安全生产要求。

b　顶锚杆的间排距

顶锚杆间排距设计依据：锚杆支护作用为阻止巷道冒落。

顶锚杆安装密度：

$$n = krb/N = 1.9 \times 2.6 \times 3.9/13 = 1.48 \ 根/m^2$$

式中　k——安全系数，取1.9；

　　　b——冒落拱高，取3.9m（巷道有效跨度之半的1.5倍）；

　　　r——冒落岩层堆积密度，因冒落岩层均为泥岩，取泥岩堆积密度最大值2.6t/m^3；

　　　N——设计锚杆锚固力，取13.04t（锚杆最大承载力为16.3t，取80%为13.04t）。

巷宽$a = 5.2$m，每米锚杆根数为$A_1 = n \times a = 7.7 \ 根/m$。取排距$l_2$为0.9m，每排根数为$A = A_1 \times l_2 = 6.9$根，取整数7根；间距$l_1$取0.8m。

基于以上运算结果，在岩体和煤壁完好的前提下，顶板锚杆支护间距设计最大为0.83m，排距最大为2.76m。

c　帮锚杆支护设计

帮锚杆间排距设计依据：当巷道顶部支护到位时，顶部压力部分会转变为侧压，所以安装密度应相同。

（1）帮锚杆锚固长度：

$$L_1 = N/d\pi p = 10/(0.028 \times 3.14 \times 150) = 0.758m$$

式中　L_1——帮锚杆锚固端长度；

　　　N——锚杆设计锚固力，10t；

　　　d——钻孔直径，28mm；

　　　p——树脂与煤体黏结强度，150t/m^2。

根据以上计算，帮锚杆选用ϕ20mm×2500mm型高强螺纹钢锚杆，每根使用Z2388型、Z2340型锚固剂各一条进行锚固。

（2）帮锚杆排距：

$$P = KQ/NH = 2.0 \times 9/(10 \times 3.0) = 0.6m$$

式中　Q——巷帮侧压，取锚固力拉拔试验数据的平均值$10 \times 90\% = 9$t；

　　　K——安全系数，取2.0；

H——巷道高度，取 3.0m。

考虑到帮锚杆排距布置尽量与顶锚杆排距一致，所以皆按 900mm 考虑。

基于以上分析，最终确定支护参数为：顶、帮锚杆均选用 ϕ20mm×2500mm 左旋螺纹钢锚杆；顶锚"七·七"矩形布置，间距 800mm，排距 900mm；帮锚杆"五·五"矩形布置，间距 700mm，排距 900mm，帮部的第 1 根锚杆距顶 150mm。

9.3.2　系统工程应用

9.3.2.1　6031 巷支护设计

基于李雅庄矿 6031 巷，在矿井名称中选择"李雅庄矿"，主界面工程名称中填入"6031 巷"，工作路径设定为桌面，如图 9 – 29 所示。

图 9 – 29　工程项目建立

对 6031 巷进行支护设计验证，提取前述巷道参数输入到系统中，得到输入信息如图 9 – 30 所示。

经过上述步骤后，点击"数值模拟"按钮，系统进行下一步，利用神经网络算法预测巷道支护参数，如图 9 – 31 所示。

系统经过后台运算，成功得到顶板及两帮的锚杆支护参数，并与原支护数据进行对比，如表 9 – 13 所示。

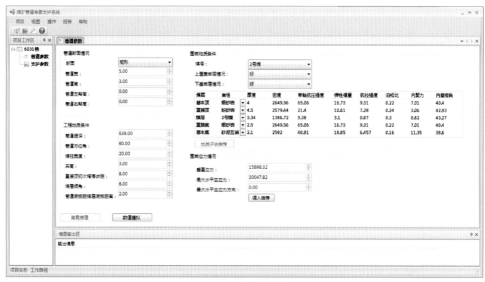

图 9 - 30 巷道参数输入

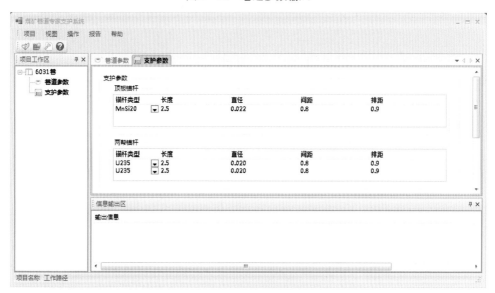

图 9 - 31 支护参数的生成

表 9 - 13 系统预测支护参数

位置	预测类型	型号	长度/m	直径/mm	间距/m	排距/m
顶板	预测	MnSi20 型	2.5	22	0.8	0.9
	实际	MnSi20 型	2.5	20	0.8	0.9
	相对误差	0	0	9.1%	0	0
两帮	预测	U235 型	2.5	20	0.8	0.9
	实际	U235 型	2.5	20	0.7	0.9
	相对误差	0	0	0	12.5%	0

由此可以看出，系统对锚杆支护参数的预测平均误差为2.16%，保持在合理的范围内，能够很好地贴合该巷道的支护设计，可以应用于实际生产中。至此完成李雅庄矿6031巷支护参数的预测。

9.3.2.2　FLAC^{3D}数值模拟及支护报告的生成

通过以上步骤后，点击"支护参数"界面中"精确模拟"按钮，系统自动调用FLAC^{3D}软件，进行支护设计验证，如图9-32所示。

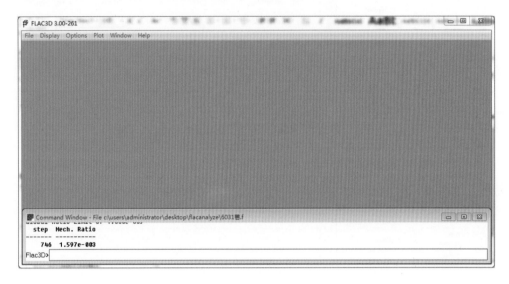

图9-32　FLAC^{3D}模拟分析

通过模拟验证，得到最终的支护方案效果，如图9-33～图9-39所示。

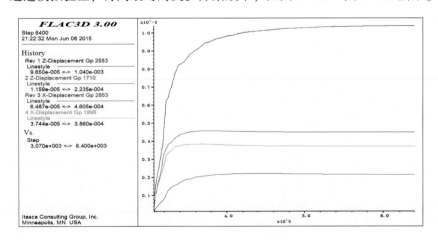

图9-33　表面收敛图

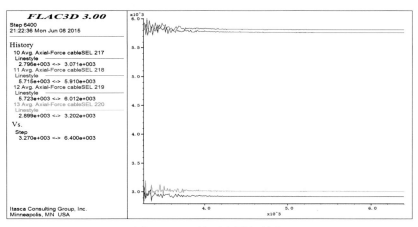

图9-34 顶板监测锚杆轴力

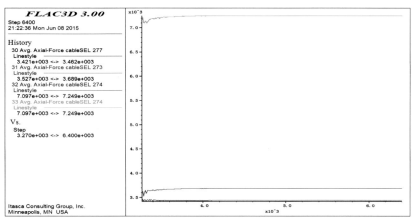

图9-35 右帮监测锚杆轴力

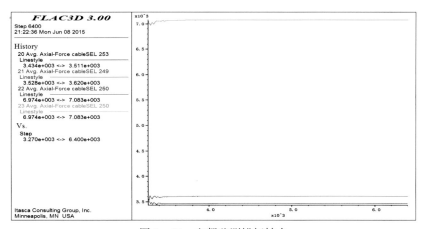

图9-36 左帮监测锚杆轴力

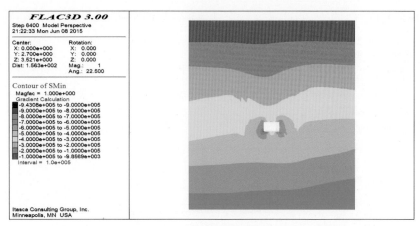

图 9 – 37　最小应力云图

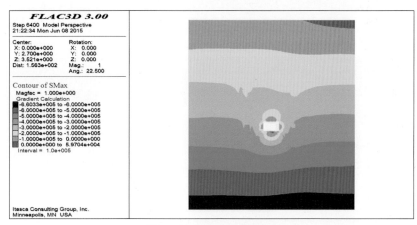

图 9 – 38　最大应力云图

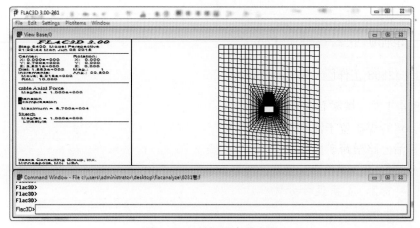

图 9 – 39　锚杆锚索受力图

数值模拟完成后，生成 6011 巷支护设计报告，如图 9-40 和图 9-41 所示。

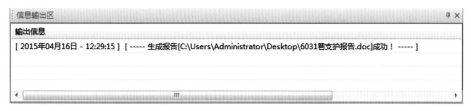

图 9-40 支护设计报告的自动生成

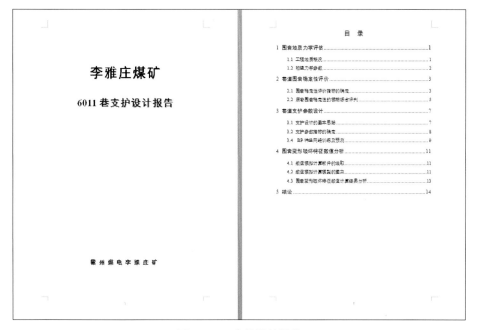

图 9-41 支护设计报告

9.4 邯郸矿业云驾岭矿 12808 工作面运巷

9.4.1 12808 工作面运巷地质及支护概况

9.4.1.1 煤矿位置及自然地理

云驾岭煤矿位于河北省武安市北部，以高村为中心，南距武安市约 5km。邯郸 - 长治公路横跨矿区南端，邢台 - 都党公路纵贯矿区东缘。煤矿运煤专用线在上泉车站与褡午环形铁路接轨，交通十分便利。

9.4.1.2 支护设计方案

A 巷道断面

工作面巷道设计断面为梯形，当顶板大于 25°时为拱形断面，当顶板小于

25°时为梯形断面。设计断面净规格为：宽 × 中高 = 4.2m × 2.8m，实际掘进断面净规格为：宽 × 中高 = 4.8m × 3.5m。掘进采用"锚网 + 小孔径预应力锚索补强"的支护方式。

B　顶板锚杆参数设计

a　顶板锚杆长度

顶板两侧锚杆长度的确定原则是：使其锚固端水平投影伸入两煤帮内 0.5m以上，以保证锚杆受力有效传递于两帮煤体中，从而实现巷道顶部荷载向两帮的转移。锚杆长度按下式计算：

$$L = (L_1 + L_2)/\sin\beta + L_3 + L_4$$

式中　L——倾斜锚杆长度；

L_1——要求锚固端水平投影伸入煤体内的距离，取 600mm；

L_2——倾斜锚杆下端到煤壁的水平距离，取 200mm；

β——倾斜锚杆与水平面夹角，取 $\beta \geq 75°$；

L_3——额定锚固长度，取 1200mm；

L_4——锚杆外露长度，取 40mm。

则 $L = (600 + 200)/\sin75° + 1200 + 40 = 2168mm$，实际取 3000mm。

b　顶锚杆直径

根据锚杆支护"三径"相匹配的原则，杆体直径取为 22mm。杆体为 Q500高强左旋螺纹钢材料，破断力为 202kN。校核锚杆的锚固力 $P_锚$ 为：

$$P_锚 = \sigma\pi\varphi_空 L_锚$$

式中　$\varphi_空$——锚杆孔直径，取 28mm；

σ——锚固剂与孔壁之间的黏结强度，取 2.0MPa；

则 $P_锚 = 2000 \times 3.14 \times 0.028 \times 1200 = 211kN$。

c　锚杆间排距

（1）锚杆间距：根据本区域掘进揭露的巷道顶底板围岩条件，顶锚杆间距确定为 0.8m。

（2）锚杆排距：

$$D = nN/(2KraLL_4)$$

式中　n——顶板每排锚杆根数，6 根；

N——每根锚杆的锚固力，取锚杆屈服荷载 153kN；

K——安全系数，取 3；

r——顶板岩层重度，取 30kN/m³。

则 $D = 6 \times 153/(2 \times 3 \times 30 \times 2 \times 2.4) = 1.06m$。

基于矿方现场试验，掘进锚杆排距确定为 0.8m。

C 两帮锚杆参数确定

a 帮锚杆长度

两帮潜在松塌区宽度 L_1：

$$L_1 = h\tan(45 - \varphi/2) = 2.8 \times \tan(45 - 50.2/2) = 1.01\text{m}$$

故锚杆长度为：

$$L_帮 = L_1 + L_2 + L_3$$

式中 L_2——帮锚杆伸出潜在松塌区的额定锚固长度，取 1.1m；

L_3——帮锚杆外露长度，取 0.1m。

则 $L_帮 = 1.01 + 1.1 + 0.1 = 2.21\text{m}$。

基于矿方现场试验，帮锚杆长度取为 3.0m。

b 帮锚杆间排距

为满足均匀压缩带即"挡固层"有一定厚度的要求，则锚杆间距为：

$$D \leqslant (L_帮 - L_3)/2 = 1.15\text{m}$$

最后确定帮锚杆间排距为 $0.8\text{m} \times 0.8\text{m}$。

c 帮锚杆锚固力

帮锚杆选用 $\phi20\text{mm} \times 3000\text{mm}$ 的 Q500 高强左旋螺纹钢锚杆。选用 Z2360 树脂锚固剂 2 卷，其锚固力不小于 8t。

顶板锚索为每架 3 根布置，其间排距为 $1600\text{mm} \times 800\text{mm}$。两帮均为梯形布置方式，间排距为 $1200\text{mm} \times 800\text{mm}$。上帮锚索为"三二三"五花布置，配用 2.4m 与 1.2m 梯子梁，第 1 排帮锚索布置在距顶不超过 800mm，第 2、3 排向下平行排距为 1200mm，前后间距均为 800mm。下帮两排锚索配用 1.2m 梯子梁布置，第 1 排帮锚索布置在距顶不超过 600mm，第 2 排向下平行排距为 1200mm，前后间距均为 800mm。若巷道下帮高度过高，采用"三二三"布置方式。

9.4.1.3 巷道总体布置

巷道设计断面净规格为：宽 × 中高 $= 4.2\text{m} \times 2.8\text{m}$；巷道实际掘进断面规格为：宽 × 中高 $= 4.8\text{m} \times 3.5\text{m}$。

顶板支护：采用"锚网 + 小孔径预应力锚索补强"联合支护的锚杆支护形式。顶锚杆采用 $\phi22\text{mm} \times 3000\text{mm}$ 的 Q500 高强耦合让均压应力显示锚杆，顶锚杆间排距为 $800\text{mm} \times 800\text{mm}$。顶锚索采用耦合让均压锚索，顶锚索规格为 $\phi22\text{mm} \times L7300\text{mm}$。顶锚索采用每架 3 根布置，锚索间排距为 $1600\text{mm} \times 800\text{mm}$。

两帮支护：帮锚杆采用 $\phi20\text{mm} \times L3000\text{mm}$ 的 Q500 高强耦合让均压应力显示锚杆，帮锚杆间排距为 $800\text{mm} \times 800\text{mm}$。帮锚索采用 $\phi17.8\text{mm} \times L6300\text{mm}$ 耦合让均压密集锚索。锚索间排距为 $1200\text{mm} \times 800\text{mm}$。

9.4.2 系统工程应用

9.4.2.1 12808 工作面运巷支护设计

基于云驾岭矿 12808 巷，将巷道有关的工程地质条件和巷道断面情况等信息汇总输入到巷道参数输入界面中。其中，顶底板围岩基本力学性质参考室内实验，围岩应力情况选择调入推荐值，最终将有关参数输入系统中得到系统输入信息，如图 9 - 42 所示。

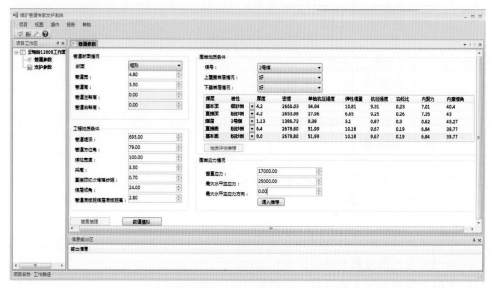

图 9 - 42　工程参数信息输入

　　经过上述步骤后，点击"数值模拟"按钮，系统自动运行到下一步，利用 BP 神经网络算法运算得到巷道锚杆支护参数，如图 9 - 43 所示。

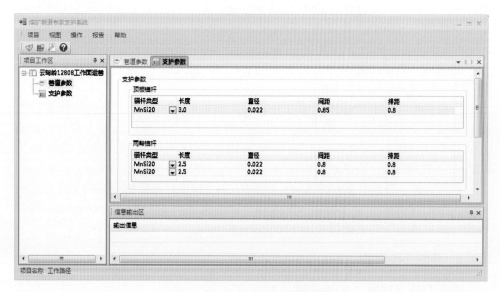

图 9 - 43　初始支护参数的生成

系统经过运算，成功得到顶板及两帮的锚杆支护参数，与原支护数据进行对比，如表 9 – 14 所示。

表 9 – 14 系统预测支护数据

位置	预测类型	型　号	长度/m	直径/mm	间距/m	排距/m
顶板	预测	MnSi20 型	3	22	0.85	0.8
	实际	Q500 高强螺纹钢	3	22	0.8	0.8
	相对误差		0	0	5.89%	0
两帮	预测	U235 型	2.5	22	0.8	0.8
	实际	Q500 高强螺纹钢	3	22	0.8	0.8
	相对误差		20%	0	0	0

由此可以看出，系统对锚杆支护参数的预测准确度基本上达到了 90% 以上，能够很好地贴合该巷道的支护设计，验证了系统对于初始支护参数预测的可行性。

9.4.2.2 FLAC[3D] 数值模拟及支护报告的生成

通过以上步骤得到巷道锚杆支护参数，为了更加真实地反应设计的支护方案所产生的支护效果，采用 FLAC[3D] 对支护方案进行模拟分析。点击"精确模拟"按钮，系统调用 FLAC[3D] 软件，进行支护设计验证，如图 9 – 44 所示。

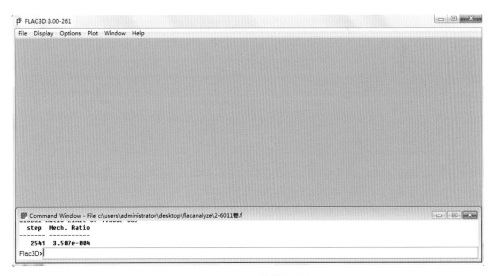

图 9 – 44　FLAC[3D] 模拟分析

通过模拟验证，得到最终的支护方案效果，如图 9 – 45 ~ 图 9 – 51 所示。

系统训练完成后，点击主界面"报告"按钮，可在文件设定路径下生成支护报告，如图 9 – 52 和图 9 – 53 所示。

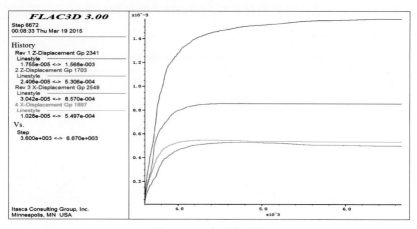

图 9-45　表面收敛图

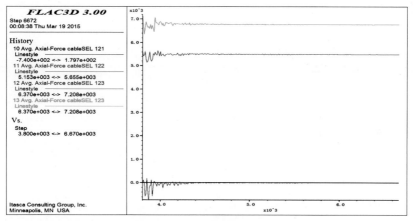

图 9-46　顶板监测锚杆轴力

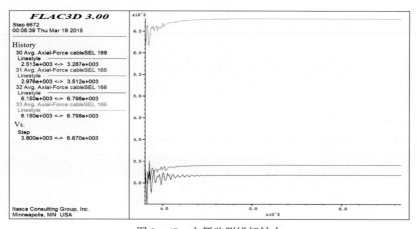

图 9-47　右帮监测锚杆轴力

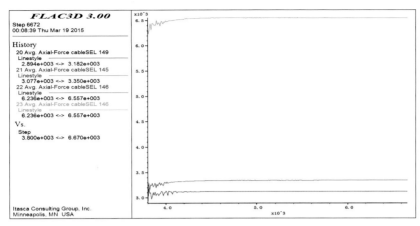

图 9 – 48　左帮监测锚杆轴力

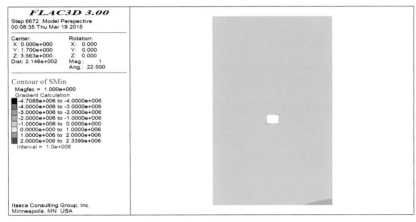

图 9 – 49　最小应力云图

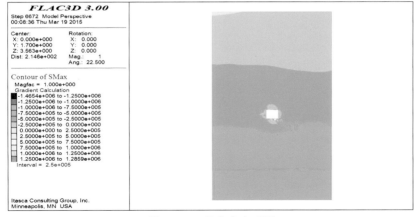

图 9 – 50　最大应力云图

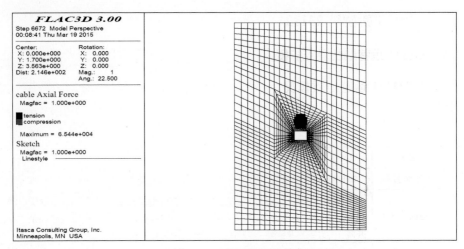

图 9 - 51　锚杆锚索受力图

图 9 - 52　支护设计报告的自动生成

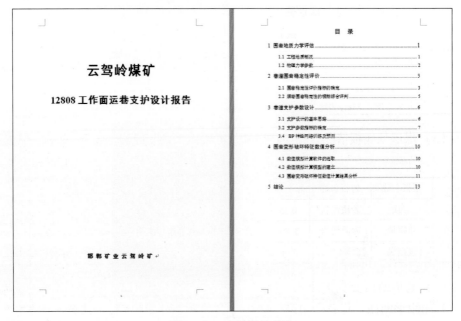

图 9 - 53　支护设计报告

9.5　汾西矿业新柳矿231121运巷

9.5.1　231121运巷地质及支护概况

（1）231121运巷地质概况。231121运巷的工作面位置及井上下关系如表9-15所示。

表9-15　工作面位置及井上下关系

<table>
<tr><td rowspan="8">地质概况</td><td>煤层名称</td><td>11号</td><td>水平名称</td><td>880</td><td>采区名称</td><td colspan="2">三盘区</td></tr>
<tr><td>工作面名称</td><td>231121</td><td>地面标高/m</td><td>1034~1151</td><td>工作面标高/m</td><td colspan="2">914~931</td></tr>
<tr><td>地面位置</td><td colspan="6">工作面东部分布有渔湾村保安煤柱，南部分布有庄里村保安煤柱和庄里村东沟小窑井筒（已充填），东南部分布有52钻孔，钻孔密闭良好，西部分布有庄里村东沟小窑井筒（已充填）及柳新二矿井筒。工作面地表前部、后部分别有一条乡村土路</td></tr>
<tr><td>井下位置及四邻采掘情况</td><td colspan="6">工作面北部紧邻三盘区前期进风巷（11号煤），左邻2319工作面，11号煤已回采，右靠2323工作面，10号、11号煤已回采。据地表调查，工作面中部有原柳新二矿小窑及其采空破坏区（采9号煤），西部和南部有庄里村东沟小窑及其采空破坏区（采9号煤，可能越层10号和11号煤），东北部分布有仲家山村小窑、渔湾村小窑采空破坏区（采9号煤，可能越层10号和11号煤）。</td></tr>
<tr><td>回采对地面设施影响</td><td colspan="6">造成地表裂缝或塌陷</td></tr>
<tr><td>走向长/m</td><td>1025</td><td>倾斜长/m</td><td>153</td><td>面积/m²</td><td colspan="2">156825</td></tr>
</table>

（2）煤层基本概况。煤层赋存情况如表9-16所示。

表9-16　煤层赋存情况

<table>
<tr><td rowspan="2">煤层情况</td><td>煤（矿）层总厚/m</td><td>4.75</td><td>煤层结构/m</td><td>0.3（0.2）0.28（0.1）0.9（0.05）1.2（0.02）1.7</td><td>煤层倾角/(°)</td><td>1~6</td></tr>
<tr><td colspan="6">该工作面所采煤层为太原组11号煤层，含四层以上夹矸，夹矸厚0.02~0.2m，煤层最大厚度4.75m，煤层倾角1°~6°，属近水平煤层</td></tr>
</table>

（3）煤层顶底板情况。煤层顶底板情况如表9-17所示。

表9-17　煤层顶底板情况

<table>
<tr><td rowspan="4">煤层顶底板情况</td><td>顶板名称</td><td>岩石名称</td><td>厚度/m</td><td>岩性特征</td></tr>
<tr><td>老顶</td><td>砂质泥岩</td><td>6.0</td><td>黑灰色，致密，坚硬，抗压强度92.12MPa</td></tr>
<tr><td>直接顶</td><td>砂质泥岩</td><td>3.85</td><td>灰黑色页岩，性脆，易碎，抗压强度38.12MPa</td></tr>
<tr><td>直接底</td><td>高岭土泥岩</td><td>5.4</td><td>灰白色泥岩，含铝质，遇水膨胀变软，抗压强度14.41MPa</td></tr>
</table>

（4）巷道断面及支护形式。231121材、运两巷在回采区域内为锚杆支护巷道，采用矩形断面。材巷采用锚杆锚索-钢筋托梁-网联合支护。运巷采用锚杆锚索-W钢带-网联合支护。巷道特征如表9-18所示。

表 9 - 18　巷道特征

项目	上净宽/m	下净宽/m	净高/m	净断面/m²	断面形式	支护形式
材巷	3	3	2.45	7.35	矩形	联合支护
运巷	4	4	2.75	11	矩形	联合支护

（5）其他相关信息。根据矿压观测及实际经验，预计推进 6～8m 时，直接顶初次垮落，即可开始放顶煤，故将初次放煤步距确定为 6～8m。

工作面采高确定为 2.5m，根据煤层实际厚度，工作面推进时沿底板推进，确定顶煤厚度为 2.25m，故平均采放比为 1：0.9。在实际放煤过程中受煤层厚度变化影响，采放比可能存在不确定因素。

（6）巷道支护概况。巷道支护参数如表 9 - 19 所示。

表 9 - 19　巷道支护参数

类型	位置	规格	长度/m	直径/mm	间距/m	排距/m
锚杆	顶板	螺纹钢锚杆	2.2	20	0.75	1.0
	两帮	普通圆钢锚杆	1.8	16	1.0	1.0
锚索			6.3	17.8	1.6	2.0

9.5.2　系统工程应用

9.5.2.1　231121 运巷支护设计

根据新柳矿实际情况，对 231121 运巷进行支护参数预测及数值模拟分析。将有关工程地质资料及围岩状况输入到巷道支护设计系统中，如图 9 - 54 所示。

图 9 - 54　工程参数信息输入

将数据输入完毕后，点击"数值模拟"按钮，系统自动运行 BP 神经网络算法，对巷道支护数据进行参数预测，如图 9 – 55 所示。

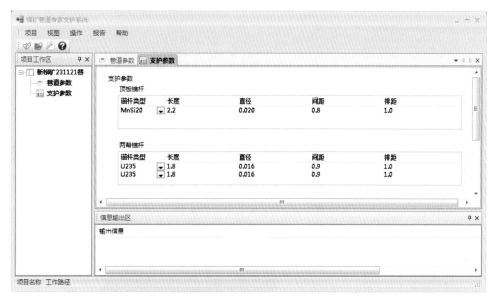

图 9 – 55 初始支护参数的生成

将系统预测得到的数据信息与表 9 – 19 中巷道所使用的锚杆参数进行对比分析，从中可以看出：系统得到的结果与原使用结果基本相似，误差保持在很小的范围内，进一步验证了系统的准确可靠。

9.5.2.2 FLAC³ᴰ数值模拟及支护报告的生成

通过以上步骤得到巷道锚杆支护参数，为反映巷道实际支护情况，系统采用 FLAC³ᴰ对支护方案进行模拟分析。点击"精确模拟"按钮，系统调用 FLAC³ᴰ软件，进行支护验证。实际模拟效果如图 9 – 56 ~ 图 9 – 63 所示。

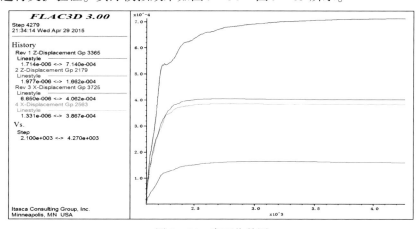

图 9 – 56 表面收敛图

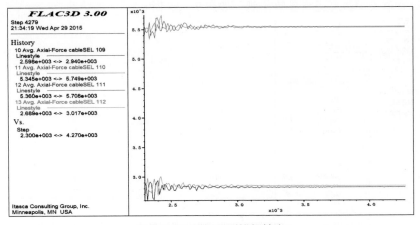

图 9 - 57　顶板监测锚杆轴力

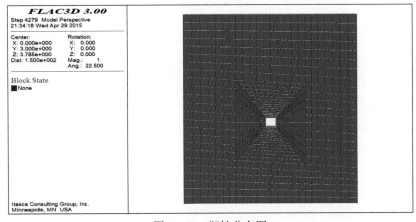

图 9 - 58　塑性分布图

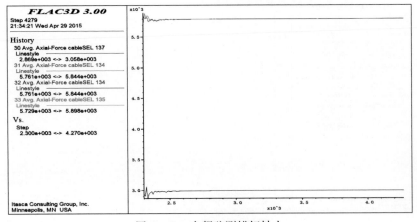

图 9 - 59　右帮监测锚杆轴力

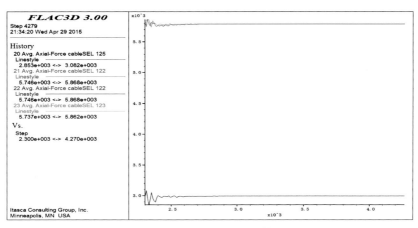

图 9 - 60　左帮监测锚杆轴力

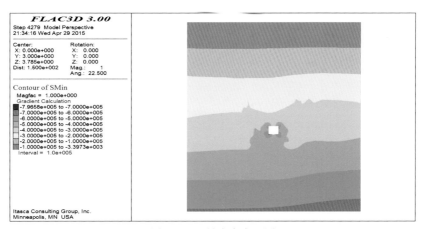

图 9 - 61　最小应力云图

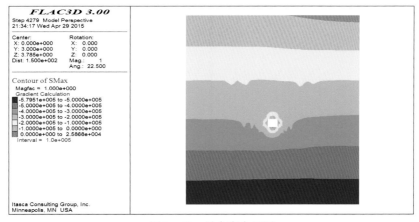

图 9 - 62　最大应力云图

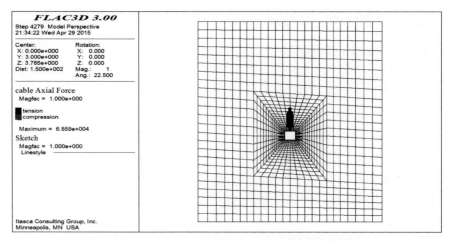

图 9 - 63　锚杆锚索受力图

数值模拟完成后，生成 231121 运巷支护设计报告，如图 9 - 64 和图 9 - 65 所示。

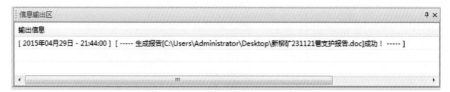

图 9 - 64　支护设计报告的自动生成

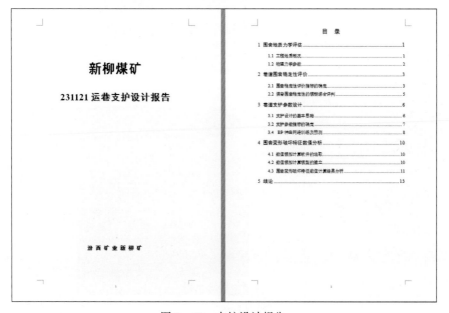

图 9 - 65　支护设计报告

9.6　系统智能设计结果对比分析

（1）通过在霍州煤电集团三交河煤矿 2 – 6011 巷、辛置矿 10 – 4151 巷、李雅庄矿 6031 巷，邯郸矿业集团云驾岭矿 12808 巷，汾西矿业集团新柳矿 231121 运巷进行系统实际工程应用，对比原支护方案与系统生成的结果表明，煤矿巷道支护方案智能设计系统提供的方案具备了科学、合理、高效的特点，实践证明智能设计方案可行，可以满足实际施工需要，可以作为煤矿巷道支护设计的一个有利工具，为巷道支护技术的发展和煤矿信息化建设提供一定的参考。

（2）尽管煤矿巷道支护方案智能设计系统体现了较好的理论分析、科学计算的特点，但是在某些方面还存在诸多需要完善和改进的内容：

1）随着煤矿开采技术和现代计算机技术的发展，系统的各功能模块和专家知识库也要不断进行完善和充实。

2）煤矿巷道支护方案智能设计系统适应的范围还有待扩展，断面类型的数量还需要添加，推理机制的设计还要不断进行完善和修订。

3）煤矿巷道支护方案智能设计系统的推理结果的信息反馈及方案的修正还要跟进，以便使得支护设计参数更好地满足煤巷支护的需要，达到更好的支护效果。

参 考 文 献

［1］ 中华人民共和国国家统计局. 2014 中国统计年鉴 ［M］. 北京：中国统计出版社，2014.

［2］ 钱鸣高，石平五. 矿山压力与岩层控制 ［M］. 徐州：中国矿业大学出版社，2003.

［3］ 李效甫，姚建国. 回采巷道支护形式与参数合理选择专家系统 ［M］. 北京：煤炭工业出版社，1993.

［4］ N. J. Nilsson. Principles of Artificial Intelligence ［M］. Tioga, Palo Alto, Calif. , 1980.

［5］ P. H. Winston. Artificial Intelligence ［M］. Addison－Wesley, Reading, Mass. , 1977.

［6］ C. K. Riesbeck, D. V. McDermott. Artificial Intelligence Programming ［M］. Erlbaum, Hillsdale, NJ, 1980.

［7］ A. Newell, H. A. Simon. Human Problem Solving ［M］. Prentice－Hall, Englewood－Cliffs, NJ, 1972.

［8］ A. Barr, P. R. Cohen, E. A. Feigenbaum. Handbook of Artificial Intelligence ［M］. Kaufmann, Los Altos, Calif. , 1981.

［9］ M. Boden. Artificial Intelligence and Natural Man ［M］. Basic Books, New York, 1977.

［10］ J. Weizenbaum. Computer Power and Human Reason ［M］. Freeman, San Francisco, 1976.

［11］ F. Hayes－Roth, D. Waterman, D. Lenat. Building Expert System ［M］. Addison－Wesley, New York, 1983.

［12］ D. Michie. Expert System in the Microelectronic Age ［M］. Edinburgh Univ. Press, Edinburgh, 1979.

［13］ B. L. Webber, N. J. Nilsson. Readings in Artificial Intelligence ［M］. Tioga, Palo Alto, Calif. , 1981.

［14］ P. Szolovits. Artificial Intelligence in Medicine ［M］. Westview, Boulder, Colo. , 1982.

［15］ E. A. Feigenbaum, J. Feldman. Computers and Thought ［M］. McGraw－Hill, New York, 1963.

［16］ N. J. Nilsson. Problem－Solving Methods in Artificial Intelligence ［M］. McGraw－Hill, New York, 1971.

［17］ H. E. Pople, Jr. . Artificial Intelligence in Medicine ［M］. Westview, Boulder, Colo. , 1982.

［18］ E. H. Shortliffe. Computer－Based Medical Consultations: MYCIN ［M］. Elsevier/North－Holland, New York, 1976.

［19］ R. Davis, D. B. Lenat. Knowledge Systems in Artificial Intelligence ［M］. McGraw－Hill, New York, 1982.

［20］ R. K. Lindsay, B. G. Buchanan, E. A. Feigenbaum, J. Lederberg. Applications of Artificial Intelligence for Organic Chemistry: The DENDRAL Project ［M］. McGraw－Hill, New York, 1980.

［21］ P. R. Lichter, D. R. Anderson. Discussions on Glaucoma ［M］. Grune& Stratton, New York, 1977.

［22］ J. S. Kunz, E. H. Shortliffe, R. J. Fallat. PUFF: An expert system for interpretation of pulmonary function data ［M］. Stanford University, Stanford, Calif. , 1982.

［23］ G. Shafer. A Mathematical Theory of Evidence ［M］. Princeton Univ. Press, Priceton, NJ, 1976.

［24］ 东兆星，吴士良. 井巷工程 ［M］. 徐州：中国矿业大学出版社，2004.

［25］冯夏庭，林韵梅. 岩石力学与工程专家系统［M］. 沈阳：辽宁科学技术出版社，1993.

［26］康红普，王金华. 煤巷锚杆支护理论与成套技术［M］. 北京：煤炭工业出版社，2007.

［27］杨仁树. 我国煤矿岩巷安全高效掘进技术现状与展望［J］. 煤炭科学技术，2013，41（9）：18～23.

［28］杨仁树，朱衍利，吴宝杨，等. 大倾角松软厚煤层巷道优化设计及数值分析［J］. 中国矿业，2010，19（9）：73～77.

［29］杨仁树，马鑫民，李清，等. 煤矿巷道支护方案专家系统及应用研究［J］. 采矿与安全工程学报，2013，30（5）：648～652.

［30］杨仁树，马鑫民，李清，等. 煤矿巷道掘进爆破智能设计系统及应用［J］. 煤炭学报，2013，38（7）：1130～1135.

［31］康红普，王金华，林健. 煤矿巷道支护技术的研究与应用［J］. 煤炭学报，2010，35（11）：1809～1814.

［32］Ma Xinmin，Yang Renshu，Li Qing，et al. Key techniques of expert system for rock bolting in coal mine roadways［C］. International Mining Forum 2010，Huainan，2010.

［33］Atterson D W P. Introduction to artificial intelligenece and expert system［M］. Prentice Hall，New Jersty，1990.

［34］Krentzer W，Mckrnzie B. Programming for artificial intelligenece，methods，tools and application［M］. Addison – Wesley，1991.

［35］Payne E C，McArthur R C. Developing expert system［M］. John Wiley&Sons，New York，1990.

［36］Shiue W，Li S T，Chen K J. A frame knowledge system for managing financial decision knowledge［J］. Expert Systems with Applications，2008，35（3）：1068～1079.

［37］Neves L P，Dias L C，Antunes C H，et al. Structuring an MC – DA model using SSM：A case study in energy efficiency［J］. European Journal of Operational Research，2009，199（3）：834～845.

［38］Avundulc E，Tumac D，Atalay A K. Prediction of roadheader performance by artificial neural network［J］. Tunnelling and Underground Space Technology，2014（44）：3～9.

［39］Shahin M，Jaksa M，Maier H. Artificial neural networks application in geotechnical engineering［J］. Aust Geomech，2001，36（1）：49～62.

［40］韩凤山. 煤矿巷道锚杆支护设计专家系统的研究与应用［D］. 沈阳：东北大学，1997.

［41］袁和生. 煤矿巷道锚杆支护技术［M］. 北京：煤炭工业出版社，1997.

［42］于培言. 面向对象的井巷、硐室支护设计专家系统［D］. 沈阳：东北大学，2000.

［43］张军. 寺河煤矿巷道支护计算机辅助设计系统研究［D］. 北京：中国矿业大学（北京），2009.

［44］王继良. 中国矿山支护技术大全［M］. 南京：江苏科学技术出版社，1995.

［45］郑君里，杨行峻. 人工神经网络［M］. 北京：高等教育出版社，1992.

［46］郝中华. BP 神经网络的非线性思想［J］. 洛阳师范学院学报，2008，3（4）：51～55.

［47］侯朝炯，勾攀峰. 巷道锚杆支护围岩强度强化机理研究［J］. 岩石力学与工程学报，2000，19（3）：342～345.

［48］肖福坤. 煤矿巷道支护智能决策系统［J］. 辽宁工程技术大学学报，2004，23（3）：

293～295.

[49] 涂序彦. 人工智能及其应用 [M]. 北京：电子工业出版社，1988.

[50] 马鑫民. 协庄煤矿回采巷道锚杆支护设计辅助系统研究 [D]. 北京：中国矿业大学（北京），2007.

[51] 温俊三. 许厂矿煤巷锚杆支护设计计算机辅助系统研究 [D]. 北京：中国矿业大学（北京），2011.

[52] 陈凯. 基于神经网络的霍州矿区煤巷支护设计系统及应用 [D]. 北京：中国矿业大学（北京），2015.

[53] 赵瑞清. 专家系统原理 [M]. 北京：气象出版社，1988.

[54] 何新贵. 知识处理与专家系统 [M]. 北京：国防工业出版社，1990.

[55] 王树林. 专家系统设计原理 [M]. 北京：科学出版社，1991.

[56] 黄可鸣，专家系统导论 [M]. 南京：东南大学出版社，1988.

[57] Barton N，Grimsta E. Rockmass conditions dictate choice between NMT and NATM [J]. Tunnels and Tunneling，1994（1）：14～17.

[58] Bieniawski Z T. Engineering Rock Mass Classification – A Complete Manual for Engineers and Geologists in Mining，Civil and Petroleum Engineering [M]. Wiley：Interscience Publication，1989.

[59] Miehalski，Andrzej. Behavior of RoeksAround a Roadway Driven Within the Faulted Zone [J]. Przeglad Gorniezy. 1976，32（6）：250.

[60] W. S. Dershowitz& H. H. Einstein. Application of Artificial Intelligence to Problems of Rock Mechanics. 25th U. S. Symposium on Rock Mechanics. 1984（02）：1～15.

[61] Vaidya，O. S. and Kumar，S.（2006）'Analytic hierarchy process：an overview of applications'，European Journal of operational research，169（1）：1～29.

[62] Saaty，T. L.（1980）The analytical hierarchy process，McGraw – Hill，New York.

[63] Mamdani，E. H. and Assilian，S.（1975）'An experiment in linguistic synthesis with a fuzzy logic controller'，International Journal of Man Machine Studies，7：1～13.

[64] Swart AH，Human JL，Harvey F. Rock engineering challenges. S AfrInst Min Metall，2005：103～106.

[65] Zadeh LA. Generalized theory of uncertainty（GTU）—principal concepts and ideas. Comput Stat Data Anal，2006（51）：15～46.

[66] Zadeh LA. Is there a need for fuzzy logic? InfSci，2008（178）：2751～2779.

[67] JafarKhademiHamidi，KouroshShahriar，Bahram Rezai. Application of fuzzy set theory to rock engineering classification systems：an illustration of the rock mass excavabilityindex [J]. Rock Mech Rock Engineering（2010）43：335～350.

[68] 栾利建，马鑫民，岳中文. 专家系统在煤炭开采技术中的应用与展望 [J]. 中国矿业，2010，19（4），78～81.

[69] 苏海云，秦秀婵. 矿山专家系统的应用现状及展望 [J]. 矿业工程，2005，3（1）：54～56.

[70] 冯夏庭，林韵梅. 采矿巷道围岩支护设计专家系统 [J]. 岩石力学与工程学报，1992，

11 （3）：243～253.

[71] 冯夏庭. 巷道支护优化设计的智能系统研究 [D]. 沈阳：东北工学院，1991.

[72] 杨仁树，马鑫民，张博，等. 协庄煤矿巷道爆破设计专家系统研究 [M] //中国爆破新技术Ⅱ. 北京：冶金工业出版社，2008.

[73] 张煜东，吴乐南，王水花. 专家系统发展综述 [J]. 计算机工程与应用，2010，46 （19）：43～47.

[74] 杨兴，朱大奇，桑庆兵. 专家系统研究现状与展望 [J]. 计算机工程与应用，2007，24 （5）：4～8.

[75] 张全寿，周建峰. 专家系统建造原理及方法 [M]. 北京：中国铁道出版社，1992.

[76] 廖晓昕. 细胞神经网络的数学理论（Ⅰ） [J]. 中国科学（A辑　数学/物理学/天文学/技术科学），1994，24 （9）：902～910.

[77] 廖晓昕. 细胞神经网络的数学理论（Ⅱ） [J]. 中国科学（A辑　数学/物理学/天文学/技术科学），1994，24 （10）：1037～1046.

[78] W. S. 德肖维茨，H. H. 爱因斯坦，吴玉忠. 人工智能在岩石力学中的应用 [J]. 国外金属矿采矿，1988 （6）：50～56.

[79] 张清，田盛丰，莫元彬，等. 隧道及地下工程岩溶危害预报的专家系统 [J]. 岩石力学与工程学报，1992，11 （3）：230～242.

[80] S. S. 劳尔. 工程中有限元法 [M]. 北京：科学出版社，1992.

[81] 陈国荣，高谦，伍法权. 锚杆支护的神经网络设计系统及其应用 [J]. 工程地质学报，1999，7 （1）：77～81.

[82] 王德润，谢广祥，孟祥瑞，等. 基于神经网络的综放回采巷道支护设计 [J]. 矿业安全与环保，2003 （2）：15～17.

[83] 薛亚东，康天合，杨水龙. 应用人工神经网络预测回采巷道锚杆支护参数 [J]. 太原理工大学学报，1999，30 （6）：586～589.

[84] 韩凤山，康立勋，郑雨天. 锚杆支护设计的神经网络分析法 [J]. 锚杆支护，1998 （1）：15～16.

[85] 许明，张永兴，阴可. 锚杆极限承载力的人工神经网络预测 [J]. 岩石力学与工程学报，2002，21 （5）：755～758.

[86] 朱川曲，冯涛，施式亮. 神经网络在锚杆支护方案优选及变形预测中的应用 [J]. 煤炭学报，2005，30 （3）：322～326.

[87] 魏延诚，汪仁和，张杰. 基于MATLAB神经网络在巷道支护参数设计中的应用 [J]. 煤炭工程，2010 （12）：11～13.

[88] 马鑫民，杨仁树，张京泉，等. 煤矿巷道锚杆支护智能绘图系统开发与应用 [J]. 中国矿业，2010，19 （11）：76～80.

[89] 钱家欢，殷宗泽. 土工数值分析 [M]. 北京：中国铁道出版社，1991.

[90] 王春波，杨万斌. 基于数值模拟分析的巷道支护设计 [J]. 煤炭工程，2009 （5）：60～63.

[91] 梁普选. Visual C++程序设计与实践 [M]. 北京：清华大学出版社，2005.

[92] 李长勋. AutoCAD ObjectARX程序开发技术 [M]. 北京：国防工业出版社，2005.

［93］王小平．煤矿采掘工程图形 CAD 管理系统软件的研制［J］．中国矿业大学学报，1996（3）：59～63．

［94］刘波，韩彦辉（美国）．FLAC 原理、实例与应用指南［M］．北京：人民交通出版社，2005．

［95］吴建林，李怀组．专家系统知识表达层次结构分析［J］．决策与决策支持系统，1995，5（2）：38～45．

［96］杨文东，张强勇，张建国，等．基于 FLAC^{3D}的改进 Burgers 蠕变损伤模型的二次开发研究［J］．岩土力学，2010，31（6）：1956～1964．

［97］尤天慧．组织知识转移能力评价方法及提升策略［J］．科技进步与对策，2010，27（14）：121～124．

［98］洪华斌．煤巷锚杆支护计算机辅助设计系统的研究［D］．北京：中国矿业大学（北京校区），2001．

［99］陈莹．采油厂专业知识库廿理系统的设计与实现［D］．长春：吉林大学，2013．

［100］陈文伟．决策支持系统及其开发［M］．北京：清华大学出版社，2008．

［101］高黎，卜淮原，胡曙．一种医疗智能诊断推理机的设计与实现［J］．计算机应用与软件，2002（6）：44～46．

［102］崔萌．专家系统推理机核心设计［J］．中国高新技术企业，2008（22）：298～299．

［103］刑福康．煤矿支护手册［M］．北京：煤炭工业出版社，1993．

［104］边亚东，杨仁树，王伟，等．掘进巷道炮眼布置计算机辅助设计［J］．煤炭工程，2003（10）：78～80．

［105］朱荟桥．巷道支护设计专家系统及程序编制［D］．成都：西南交通大学，2012．

［106］［苏］希罗科夫 А Π，等．锚杆支护手册［M］．北京：煤炭工业出版社，1992．

［107］孙玉成，近距离煤层群巷道锚杆支护优化设计［D］，辽宁工程技术大学，2007，5．

［108］Cundall P A. A computer model for simulating progressive, large scale movements in blocky rock systems. Proceedings of the International Symposium Rock Fracture, ISRM, Nancy, Paper No. Ⅱ–8, vol. 1, 1971.

［109］蔡永昌，朱合华，李晓军．一种用于锚杆支护数值模拟的单元处理方法［J］．岩石力学与工程学报，2003，07：1137～1140．

［110］伍永平，杨永刚，来兴平等．巷道锚杆支护参数的数值模拟分析与确定［J］．采矿与安全工程学报，2006，04：398～401．

［111］葛勇勇．基于离散元程序算法的采动围岩控制数值模拟研究［D］．中国矿业大学（北京），2013．

［112］张拥军，安里千，于广明等．锚杆支护作用范围的数值模拟和红外探测实验研究［J］．中国矿业大学学报，2006，04：545～548．

［113］AutoCAD ARX 函数库查询辞典［M］．北京：中国铁道出版社，2003．

［114］二代龙震工作室．AutoCAD VBA 函数库查询辞典［M］．北京：中国铁道出版社，2003．

［115］王大鹏，张立文，张国梁，等．ObjectARX 中结合 MFC 开发 AutoCAD ARX 应用程序［J］．计算机辅助工程，2001，10（4）：55～58．

［116］于萧榕，郭昌言，陈刚．结合 Objectarx 和 C#进行 Auto CAD 二次开发框架的研究［J］．科学技术与工程，2010，20（10）：5085～5090.

［117］杜刚，刘东学，张磊．基于 ObjectARX 的 AutoCAD 二次开发及应用实例［J］．机械设计与制造，2004（3）：30～32.

［118］王玉琨．矿图 CAD 开发技术［M］．徐州：中国矿业大学出版社，2002.

［119］涂兴子，林在康．基于 CAD 的数字矿井模型及应用［M］．徐州：中国矿业大学出版社，2005.

［120］金科学．基于知识的台阶爆破设计系统研究及其在白云鄂博铁矿的应用［D］．北京：北京科技大学，1995.

［121］钱能．C＋＋程序设计教程［M］．北京：清华大学出版社，1999.

［122］何满潮，袁和生，靖洪文，等．中国煤矿锚杆支护理论与实践［M］．北京：科学出版社，2004.

［123］王满想．平顶山矿区深部回采巷道支护效果模糊综合评判研究［D］．河南理工大学，2011.

［124］刘士雨．地下工程围岩稳定性模糊综合评价及其应用研究［D］．华东交通大学，2009.

［125］王学知．夏甸金矿采场及巷道围岩稳定性分类与控制研究［D］．山东科技大学，2006.

［126］王果．回采巷道围岩稳定性分类及锚杆支护设计决策系统研制与应用［D］．太原理工大学，2004.

［127］蔡世明．基于人工神经网络的回采巷道围岩稳定性分类及锚杆支护研究［D］．重庆大学，2002.

［128］安伯超．兖州矿区煤巷围岩稳定性影响因素评价及应用研究［D］．山东科技大学，2007.

［129］王磊．基于人工神经网络的煤巷围岩稳定性分类系统［D］．山东科技大学，2005.

［130］宋晓凯．安山井田 5～（－2）煤层顶板分类分级与分区预测研究［D］．西安科技大学，2013.

［131］张爱霞．基于神经网络的巷道围岩稳定性分类研究［D］．河南理工大学，2008.

［132］王琳．巷道顶板稳定性分类及锚固支护机理研究［D］．太原理工大学，2006.

［133］张召千．大断面煤巷围岩稳定性控制及动态评价体系研究［D］．太原理工大学，2009.

［134］王存文．基于 BP 人工神经网络的煤巷围岩稳定性分类研究［D］．山东科技大学，2005.

［135］李国彪．干河煤矿大断面巷道围岩稳定性分析及控制技术研究［D］．中国矿业大学（北京），2013.

［136］王文杰．岱庄生建煤矿巷道支护决策系统研究［D］．山东科技大学，2004.

［137］邓福康．基于人工神经网络的巷道围岩分类与支护参数优化研究［D］．安徽理工大学，2011.

［138］张士科．史山矿回采巷道锚杆支护参数优化研究［D］．河南理工大学，2008.

[139] 贺超峰. 袁店矿巷道围岩稳定性分类及支护决策系统研究 [D]. 安徽理工大学, 2008.

[140] 许鹏飞. 长平矿Ⅲ4303大采高工作面回采巷道锚网索耦合支护研究 [D]. 辽宁工程技术大学, 2011.

[141] 张利. 华北地区深井巷道注浆加固分类研究 [D]. 河北工程大学, 2012.

[142] 刘源. 基于低碳经济的中小企业综合业绩评价研究 [D]. 重庆交通大学, 2010.

[143] 孙杨. 既有建筑空调通风管道改造的节能性与经济性评价方法 [D]. 哈尔滨工业大学, 2010.

[144] 杨仁树, 王茂源, 马鑫民, 等. 基于灰色关联分析的岩体可爆性分级应用研究 [J]. 煤炭工程, 2014, 46 (9): 1~4.

[145] 杨仁树, 薛华俊, 何天宇, 等. 采动压影响下深井巷道变形破坏规律数值模拟研究 [J]. 煤炭工程, 2014, 46 (10): 30~33.

[146] 杨仁树, 薛华俊, 郭东明, 等. 大断面软弱煤帮巷道注浆加固支护技术 [J]. 煤炭科学技术, 2014, 42 (12): 1~4.

[147] 杨仁树, 王旭. 大断面半煤岩巷快速掘进施工技术研究 [J]. 中国矿业, 2012, 21 (4): 87~88.

[148] 马鑫民, 施现院, 刘森, 等. 煤矿综采工作面实时信息绘图系统的研究与应用 [J]. 中国煤炭, 2012, 38 (12): 62~65.

[149] 郭东明, 杨仁树, 张涛, 等. 煤岩组合体单轴压缩下的细观-宏观破坏演化机理 [C] //中国软岩工程与深部灾害控制研究进展——深部岩体力学与工程灾害控制学术研讨会暨中国矿业大学百年校庆学术会议, 2009.

[150] 郭东明, 杨仁树, 侯敬峰, 等. 岩巷快速掘进技术在岱庄煤矿的应用研究 [C] //矿山建设工程新进展——全国矿山建设学术, 2007.

[151] 杨仁树, 郭义先, 黄伟, 等. 快速掘进在岩巷下山施工中的应用研究 [C] //全国工程爆破学术会议, 2008.

[152] 李学彬, 杨仁树, 高延法, 等. 大断面软岩斜井高强度钢管混凝土支架支护技术 [J]. 煤炭学报, 2013, 38 (10): 1742~1748.

[153] 岳中文, 杨仁树, 闫振东, 等. 复合顶板大断面煤巷围岩稳定性试验研究 [J]. 煤炭学报, 2011, 36 (S1): 47~52.

[154] 杨立云, 杨仁树, 马佳辉, 等. 大型深部矿井建设模型试验系统研制 [J]. 岩石力学与工程学报, 2014, 33 (7): 1424~1431.

[155] 李清, 杨仁树, 汤增陆, 等. 深部大断面岩巷快速掘进技术研究 [J]. 煤炭科学技术, 2006, 34 (10): 1~4.

[156] 刘波, 杨仁树, 何满潮, 等. 深部矿井锚拉支架设计理论及应用 [J]. 岩石力学与工程学报, 2005, 24 (16): 2875~2881.

[157] 李清, 刘文江, 杨仁树, 等. 深部岩巷二次锚喷耦合支护技术 [J]. 采矿与安全工程学报, 2008, 25 (3): 258~262.

[158] 曹洪洋, 杨仁树, 王伟, 等. 岩巷掘进中爆破专家系统的应用研究 [J]. 矿冶工程, 2003, 23 (4): 4~6.

[159] W S. McCulloch W. Pitts. A logical calculus of the ideas immanent in nervous activity [J] . Bulletin of Mathematical Biophysics, vol. 5, p. 115~133, 1943.

[160] 吴建林，李怀祖. 专家系统知识表达层次结构分析 [J] . 决策与决策支持系统，1995，2.

[161] 王福寿. 巷道稳定性分析及其支护设计的智能研究 [D] . 武汉理工大学，2002.

[162] 郭银领. 云锡芦塘坝采空区稳定性分析 [D] . 昆明理工大学，2008.

[163] 陈建民，杨仁树，赵金煜. 基于模糊综合评价的矿井建设项目评标方法研究 [J] . 北京工业职业技术学院学报，2010，9 (2)：1~4.

[164] 佟强，车玉龙，杨仁树，等. 翟镇煤矿采煤面防尘智能化系统研究 [J] . 中国矿业，2012，21 (10)：122~123.

[165] 李桂臣. 软弱夹层顶板巷道围岩稳定与安全控制研究 [D] . 徐州：中国矿业大学，2008.

[166] 中国矿业大学（北京）. 煤矿回采巷道围岩稳定性分类智能系统 V1.0：中国，2013SR157426 [P] . 2013-12.

[167] 杨仁树，徐辉东，方体利，等. 济西矿马头门锚杆锚索锚注联合支护加固施工技术 [C] //2006 全国矿山建设学术会议，2006.

[168] 杨仁树，孙中辉，岳中文，等. 渗水厚砾石层斜井巷道围岩破坏机理模型试验 [C] //矿山建设工程技术新进展——2009 全国矿山建设学术会议文集（上册），2009.

[169] 尹朝庆，尹皓. 人工智能与专家系统 [M] . 北京：中国水利水电出版社，2002.

冶金工业出版社部分图书推荐

书　名	作　者	定价（元）
现代金属矿床开采科学技术	古德生 等著	260.00
采矿工程师手册（上、下册）	于润沧 主编	395.00
现代采矿手册（上、中、下册）	王运敏 主编	1000.00
我国金属矿山安全与环境科技发展前瞻研究	古德生 等著	45.00
深井开采岩爆灾害微震监测预警及控制技术	王春来 等著	29.00
地下金属矿山灾害防治技术	宋卫东 等著	75.00
中厚矿体卸压开采理论与实践	王文杰 著	36.00
地下工程稳定性控制及工程实例	郭志飚 等编著	69.00
金属矿采空区灾害防治技术	宋卫东 等著	45.00
采矿学（第2版）（国规教材）	王 青 等编	58.00
地质学（第5版）（国规教材）	徐九华 等编	48.00
碎矿与磨矿（第3版）（国规教材）	段希祥 主编	35.00
工程爆破（第2版）（国规教材）	翁春林 等编	32.00
采矿工程概论（本科教材）	黄志安 等编	39.00
矿山充填理论与技术（本科教材）	黄玉诚 编著	30.00
高等硬岩采矿学（第2版）（本科教材）	杨 鹏 编著	32.00
矿山充填力学基础（第2版）（本科教材）	蔡嗣经 编著	30.00
采矿工程CAD绘图基础教程（本科教材）	徐 帅 等编	42.00
露天矿边坡稳定分析与控制（本科教材）	常来山 等编	30.00
地下矿围岩压力分析与控制（本科教材）	杨宇江 等编	39.00
矿产资源开发利用与规划（本科教材）	邢立亭 等编	40.00
金属矿床露天开采（本科教材）	陈晓青 主编	28.00
矿产资源综合利用（本科教材）	张 佶 主编	30.00
矿井通风与除尘（本科教材）	浑宝炬 等编	25.00
新编选矿概论（本科教材）	魏德洲 等编	26.00
矿山岩石力学（本科教材）	李俊平 主编	49.00
选矿数学模型（本科教材）	王泽红 等编著	49.00
井巷设计与施工（第2版）（高职国规教材）	李长权 等编	35.00
露天矿开采技术（第2版）（高职国规教材）	夏建波 等编	35.00
金属矿山环境保护与安全（高职高专教材）	孙文武 等编	35.00
金属矿床开采（高职高专教材）	刘念苏 主编	53.00
非煤矿山安全知识15讲（培训教材）	吴 超 等编	20.00